金牌拿手

家常菜

苏志浩◎编著

河北出版传媒集团
河北科学技术出版社

图书在版编目（CIP）数据

金牌拿手家常菜 / 苏志浩编著 . -- 石家庄 ：河北科学技术出版社，2015.11

ISBN 978-7-5375-8144-8

Ⅰ. ①金… Ⅱ. ①苏… Ⅲ. ①家常菜肴－菜谱 Ⅳ. ① TS972.12

中国版本图书馆CIP数据核字(2015)第300711号

金牌拿手家常菜

苏志浩　编著

出版发行　河北出版传媒集团　河北科学技术出版社
地　　址　石家庄市友谊北大街 330 号（邮编：050061）
印　　刷　三河市明华印务有限公司
经　　销　新华书店
开　　本　710 × 1000　1/16
印　　张　10
字　　数　150 千字
版　　次　2016 年 1 月第 1 版
　　　　　2016 年 1 月第 1 次印刷
定　　价　32.80 元

前 言

随着时代的进步，人们对生活品质的要求越来越高，吃、穿、住、行概莫能外。日常饮食与人体的健康状况息息相关，人们已开始重视食品种类和营养的搭配。如今，食品安全问题也受到普遍关注，为了饮食健康，许多人更青睐以自己烹饪的方式来表达对家人的关爱。自己烹制美食，不仅可以维护健康，也能提升家人之间的融合度，提高家庭生活的幸福和美满指数。

为了让大家在烹饪时能有据可依，以便更轻松地制作出受家人欢迎的美食，同时充分享受烹饪的乐趣，我们特意编写了这套菜谱。为满足各类人群、各个年龄段对饮食的不同需求，适合个人口味偏好，本套菜谱编写范围较广，包含家常菜、小炒、私房菜、特色菜、川菜、湘菜、东北菜、火锅、主食、汤煲等，不一而足，希望能够满足各类读者对于美食的独特需求。

我们力求让读者一读就懂，一学就会，一做便成功。书中详尽介绍了食物制作所需的主料与配料，并对操作步骤进行了细致地讲解，同时关于操作过程中需要注意的事项也重点阐述。即便您从来没有下过厨房，也可以在菜谱的帮助下制作出美味可口的菜品。

在教您烹饪的基础上，我们对食材与菜品的营养成分进行了解析，以帮助您选择适合家人营养需求与口味的菜肴。希望可以让您吃得健康、吃得明白。

另外，我们为每道菜都配有精美的图片，在掌握制作方法的同时，给您带来一场视觉上饕餮盛宴。看着令人垂涎欲滴的图片，想必您一定能胃口大开，在享受美食的同时，体会到烹饪带给您的巨大乐趣。

美味的食物不仅可以给您带来味蕾上的满足感，更重要的是每一种食物都蕴藏着养生的智慧。希望在您享受美食的过程中，您的体质与生活质量都能得到更好的改变。

在这套菜谱的编写过程中，我们请教了烹饪大师、营养师等相关人士，他们给予了我们极大的帮助，在此表示深深的谢意。然而，我们的水平有限，书中难免出现疏漏之处，敬请读者指正。在此一并表示感谢!

目录
CONTENTS

Chapter 2 畜肉类 29

Chapter 3 禽蛋类 63

Chapter 5 菌豆类 125

蔬菜类

麻辣白菜卷

主料 圆白菜300克

配料 红辣椒50克，盐5克，鸡精3克，麻椒10克，植物油15克，熟白芝麻、青辣椒各少许，生抽适量

·操作步骤·

① 将圆白菜叶一片一片从根部整个掰下，洗净控干水分；青辣椒、红辣椒洗净切成小节备用。

② 锅中放入植物油烧热，放入红辣椒节、青辣椒节、麻椒炸出香味，放圆白菜煸炒，加鸡精、食盐、生抽稍炒，待菜叶稍软，倒入碟中，晾凉。

③ 用手将菜叶卷成笔杆形，切成小节，码放在碟上，撒上熟白芝麻即可。

·营养贴士· 圆白菜中含有大量人体必需营养成分，如多种氨基酸、胡萝卜素等，其维生素C含量丰富，这些营养成分都具有提高人体免疫功能的作用。

鸡汁白菜

主料 嫩白菜250克

配料 鸡汤、食盐、鸡精各适量

·操作步骤·

① 嫩白菜择好，掰开，洗净切成段。

② 锅中烧开水，放入嫩白菜焯一下，断生后捞出控水。

③ 鸡汤倒入砂锅中，用食盐、鸡精调味，放入嫩白菜略煮即可。

·营养贴士· 白菜的药用价值很高。中医认为其性微寒无毒，经常食用具有养胃生津、除烦解渴、利尿通便、清热解毒的功效。

板栗白菜

主 料 白菜心 300 克，栗子 500 克

配 料 植物油 10 克，鸡油 20 克，精盐、味精各 7 克，料酒 25 克，鸡汤 15 克，湿淀粉 10 克，清汤 250 克

·操作步骤·

① 将白菜心抽筋顺切成条，清洗干净，用开水氽透后捞出冲凉，理顺，整齐地放在盘子内，撒上 3 克精盐，注入清汤 250 克，上屉蒸 5 分钟；栗子煮软去壳和内皮，加植物油略炒，捞出来放在碗里，加些鸡汤上屉蒸烂。

② 将炒锅烧热，注鸡油 15 克，把白菜条稍炒几下，加入鸡汤、料酒、精盐、味精、栗子（去汁），用小火烧一下，将白菜条整齐地摆入盘内；再把汁调好味，加上味精，用湿淀粉勾成稀芡浇在白菜上，淋上剩下的鸡油即成。

·营养贴士· 板栗含有大量淀粉、蛋白质、脂肪、B 族维生素等多种营养素，素有“干果之王”的美称；而大白菜也具有较高的营养价值，有“百菜不如白菜”的说法，故板栗和白菜是绝好的搭配。

·操作要领· 在白菜菜根处竖着切几刀可使整个菜心相连。

剁椒娃娃菜

主料 娃娃菜500克

配料 剁椒酱、蒜、植物油各适量

·操作步骤·

① 娃娃菜洗净，叶片掰散，过长的可切成两截；蒜切末。

② 锅烧热，倒入植物油，烧热后，倒入蒜末爆香，再倒入娃娃菜和剁椒酱一起快速翻炒2分钟，关火装盘即可。

·营养贴士· 钾是维持神经肌肉应激性和正常功能的重要元素，娃娃菜中的钾含量很高，经常有倦怠感的人可以多吃点娃娃菜。

酸包菜炒粉皮

主料 酸包菜250克，红薯粉（宽粉条）200克

配料 食用油、红辣椒、蒜、洋葱、青蒜叶、酱油、精盐、白糖各适量

·操作步骤·

① 酸包菜切丝；红辣椒和蒜分别切末；红薯粉泡软；青蒜叶切成斜段；洋葱切丝。

② 起油锅，下蒜末爆炒；先后加入洋葱、包菜、红辣椒、青蒜叶翻炒爆香。

③ 在锅内加入红薯粉均匀翻炒，最后加酱油、精盐、白糖调味即可。

·营养贴士· 此菜的营养价值很高，适合一般人吃，对孕妇和贫血者也有一定的疗效。

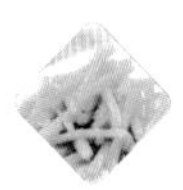

野山椒炝藕片

主料 莲藕400克，野山椒30克

配料 干辣椒10克，花椒、植物油、食盐、鸡精各适量

·操作步骤·

① 干辣椒剪成小段；藕去皮，洗净，切成薄片，用清水冲洗一遍，沥干水分。

② 炒锅放在火上，下植物油加热至五成热，下花椒、野山椒、干辣椒段，炒出香味，放藕片、食盐、鸡精，快速翻炒至藕片断生后起锅装盘即成。

·营养贴士· 藕含有丰富的维生素C及矿物质，有益于心脏，有促进新陈代谢、防止皮肤粗糙的效果。

·操作要领· 要想炒藕片色白如雪、清脆多汁，炒的过程就一定要迅速，且不要用铁锅。

咸酥藕片

主 料 莲藕 500 克

配 料 面粉、淀粉、葱花、植物油、食盐、鸡精、黑胡椒粉各适量

·操作步骤·

① 莲藕去皮，切片，放入开水中略焯，捞起过凉水，沥干水分备用。

② 面粉、淀粉以 2∶3 的比例，加入清水和食盐各适量，调成面糊。

③ 将莲藕片均匀地裹上面糊，放入油锅中炸至两面金黄色捞出沥油，然后加食盐、鸡精、黑胡椒粉，快速拌匀，撒上葱花即可。

·营养贴士· 莲藕含铁量较高，常吃可预防缺铁性贫血。

清蒸茄子

主 料 茄子 200 克

配 料 干虾仁 30 克，青椒、红椒各半个，蒜泥 20 克，生抽 10 克，盐 5 克，糖 3 克，蚝油、食用油各适量

·操作步骤·

① 茄子洗净，切成长条，整齐地摆放在盘子里，上面撒少许精盐，滴几滴食用油，大火蒸 15 分钟出锅备用；青椒、红椒切丁。

② 碗中加入生抽、蚝油和少量的糖，调成调味汁，浇在蒸好的茄子上，再在茄子上整齐地摆放好青椒丁、红椒丁、蒜泥、干虾仁即可。

·营养贴士· 茄子具有清热活血、消肿止痛的功效，经常食用蒸茄子，可有效治疗内痔出血，同时对便秘也有一定的缓解作用。

四季豆
炒土豆

主 料 四季豆300克，土豆250克

配 料 植物油30克，干辣椒段、生抽、食盐各适量

·操作步骤·

① 土豆去皮洗净切条，泡在水中以免变色；四季豆择好，洗净切段。

② 油锅内先后放入干辣椒段和四季豆，待四季豆干炒至变色后加入土豆条均匀翻炒。

③ 待锅内菜变色后加入食盐、生抽调味，再加入适量清水烧至食材熟透即可。

·营养贴士· 土豆含有丰富的B族维生素及大量的优质纤维素，还含有微量元素、氨基酸、蛋白质、脂肪和优质淀粉等营养元素，具有抗衰老、降血压的功效。

·操作要领· 土豆切的条较大时，要用文火煮烧，才能均匀地熟烂。如果用急火煮烧，会使外层熟烂甚至开裂。

豇豆茄子

主料 茄子200克，豇豆200克

配料 蒜10克，葱5克，小米椒5克，生抽10克，蚝油20克，植物油适量

·操作步骤·

① 茄子洗净，切成长条状，用清水浸泡片刻后捞出备用；豇豆洗净，去掉老筋，切成长段；葱切小段；蒜拍破切碎。

② 锅中倒入适量植物油，烧七成热后，下茄子条炸软，捞出控油；豇豆段下油锅炸至表皮起皱，捞出控油。

③ 炒锅留少许底油，放入蒜碎、葱段和小米椒，爆香后放入茄子和豇豆翻炒，加入生抽、蚝油和少许清水，翻炒均匀后盖上锅盖焖煮一会儿，收浓汤汁即可。

·营养贴士· 豇豆能健脾开胃、利尿除湿，非常适合夏天食用。

香煎茄片

主料 长茄子1个

配料 鸡蛋黄2个，海米粒、青椒粒、红椒粒、青蒜段、葱末、姜末、蒜末、食盐、胡椒粉、白糖、鸡精、干淀粉、生抽、高汤、植物油各适量

·操作步骤·

① 长茄子洗净，切成厚片，再剞上十字花刀，用食盐腌30分钟，控去水分，然后拍上干淀粉，裹上蛋黄液。

② 锅置火上，放植物油烧至五成热，放入茄子片炸至金黄色，捞出控油。

③ 锅内留少许余油烧热，放入姜末、葱末、蒜末爆香，倒入茄子片，放入青椒粒、红椒粒、海米粒、高汤、食盐、胡椒粉、生抽、白糖、鸡精，烧至茄子片软透入味，用水淀粉（淀粉加水调制）勾芡，放入青蒜段炒匀出锅即可。

·营养贴士· 本菜具有抗衰老、软化血管和防癌等作用。

怪味烧茄子

主料 茄子1个

配料 植物油50克，葱花、姜末、蒜泥、干辣椒、食盐、醋、豆瓣酱、鸡精、蚝油各适量

·操作步骤·

① 将茄子洗净，改刀切成条状，无断裂（整个茄子看起来完好无损），保留茄蒂（茄柄）；干辣椒切段。

② 坐锅点火，植物油热后将茄子放入锅内炸熟捞出。

③ 锅内留少许底油，放入干辣椒煸出香味，加入姜末、蒜泥、醋、鸡精、蚝油、豆瓣酱、食盐搅匀，熬至起泡盛出，倒在茄子上，撒上葱花即可。

·营养贴士· 本菜具有防止出血和抗衰老的功效，常吃可使血液中胆固醇水平不致增高，对延缓衰老具有积极意义。

·操作要领· 茄子遇热极易氧化，颜色会变黑而影响美观与食欲，在烹调前先略炸一下，在制作菜肴时便不容易变色了。

滚龙丝瓜

主料 丝瓜 500 克

配料 蘑菇 100 克，植物油 70 克，食盐、鸡精、香油、水淀粉各适量

·操作步骤·

① 丝瓜刮净外皮，洗净切成 6 厘米长的段，剞兰花刀形；蘑菇洗净待用。

② 炒锅上火，加入植物油烧至六成热时，下入丝瓜滑油后，捞出控油。

③ 热锅留余油少许，加入蘑菇煸炒一下，加清水 150 克烧开，投入丝瓜段，加食盐、鸡精烧至入味后，将丝瓜、蘑菇捞出，装入汤盘内，锅内卤汁用水淀粉做成薄芡，淋入香油，淋在丝瓜上面即可。

·营养贴士· 本菜具有增白皮肤、消除斑块，使皮肤洁白、细嫩，防止皮肤老化的作用。

多味黄瓜

主料 黄瓜 300 克

配料 炸虾干 30 克，干辣椒、白糖各 10 克，葱白丝 20 克，食盐 5 克，白醋、香油、姜末、蒜末、植物油各适量

·操作步骤·

① 将黄瓜洗净，切滚刀块，放入碗中加适量食盐腌渍约 10 分钟，控去水分；干辣椒切圈。

② 炒锅中倒入植物油烧热，倒入蒜末、姜末和干辣椒圈爆香，再加入白糖、白醋、适量的水煮成汁，加入香油翻匀，倒入碗中待用。

③ 将腌好的黄瓜块放入调味碗中，拌匀后腌渍 20 分钟，装盘加入炸虾干、葱白丝即成。

·营养贴士· 黄瓜平和除湿，可以收敛和消除皮肤皱纹，对皮肤较黑的人效果尤佳。

干炒尖椒

主料 青尖椒 100 克

配料 姜 15 克，葱 10 克，醋、白糖、植物油、食盐、鸡精各适量

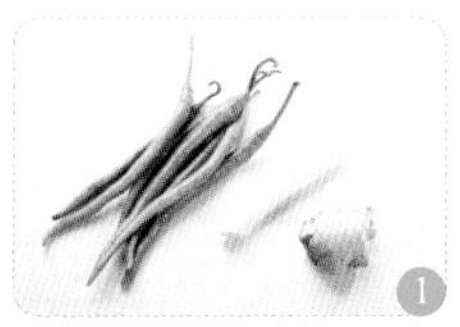

准备所需主材料。

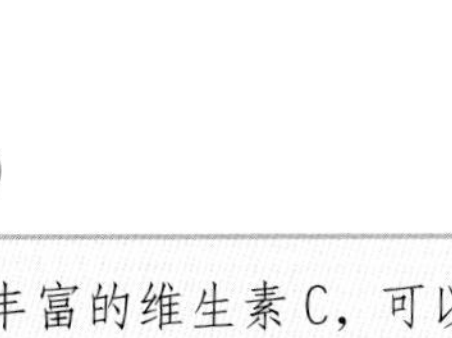

将辣椒切段；姜、葱分别切丝。

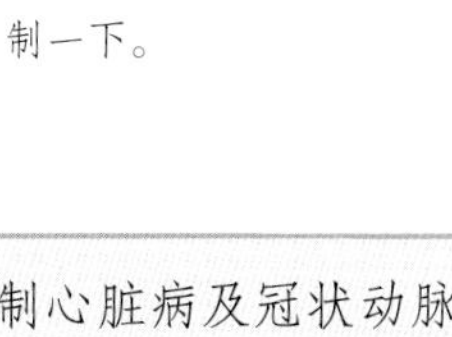

将葱丝、姜丝放入碟内，向碟内加入醋和白糖腌制一下。

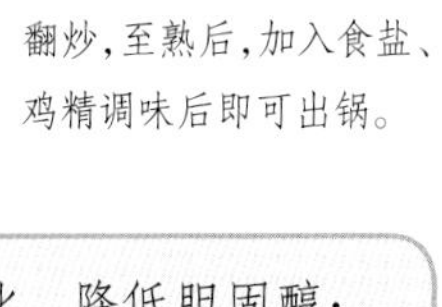

锅内放入植物油，放入辣椒段、葱丝、姜丝进行翻炒，至熟后，加入食盐、鸡精调味后即可出锅。

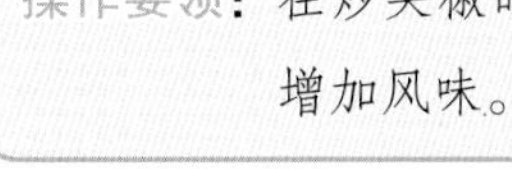

营养贴士：尖椒含有丰富的维生素 C，可以控制心脏病及冠状动脉硬化，降低胆固醇；还含有较多抗氧化物质，可预防癌症及其他慢性疾病。

操作要领：在炒尖椒时适当地加些醋，既可避免维生素 C 遭受破坏，还可减少辣味，增加风味。

浏阳脆笋

主料 浏阳优质脆笋300克

配料 灯笼椒丝、香芹丝、老鸡高汤、精盐、味精各适量

·操作步骤·

① 将脆笋切丝，稍稍淋水过一下，挤干水分，放入烧红的干锅煸炒至完全没有水汽，盛出备用。

② 将笋切丝倒入锅内加少许老鸡高汤煨制，收汁后装入盛器晾凉，加适量精盐、味精调味，撒上灯笼椒丝、香芹丝即可。

·营养贴士· 笋具有低脂肪、低糖、多纤维的特点，食用笋不仅能促进肠道蠕动，帮助消化，去积食，防便秘，并有预防大肠癌的功效。

南瓜炒芦笋

主料 南瓜400克，芦笋150克

配料 植物油30克，姜汁20克，食盐、鸡精各适量

·操作步骤·

① 芦笋去皮，洗净，切成段；南瓜去瓤、去皮，洗净，切粗条备用。

② 锅中烧热植物油，放入芦笋，翻炒至七成熟，加入食盐、南瓜、姜汁继续翻炒。

③ 南瓜变软时加入鸡精，半分钟后出锅即可。

·营养贴士· 芦笋富含多种氨基酸、蛋白质和维生素，其含量均高于一般水果和菜蔬，特别是芦笋中的天冬酰胺和微量元素硒、钼、铬、锰等，具有调节机体代谢，提高身体免疫力的功效。

水煮鲜笋

主料 鲜竹笋500克

配料 海带芽20克，干昆布10克，生抽10克，食盐4克，辣椒酱、植物油各适量

·操作步骤·

① 鲜竹笋煮熟去壳，从中间对切，再各切成三等份块状。

② 将笋块放入沸水锅中，并加入干昆布、海带芽煮至沸腾，将干昆布、海带芽捞出，转中小火继续煮10分钟，加入食盐，熄火冷却，加入生抽，让笋块吸收汤汁，5分钟后出盘。

③ 锅置火上，倒入植物油烧热，放入辣椒酱翻炒，盛入小碗中，与竹笋一起上桌，蘸辣椒酱食用。

·营养贴士· 竹笋富含蛋白质、胡萝卜素、多种维生素及铁、磷、镁等无机盐和有益健康的氨基酸，还含有多种可以防癌的多糖物质，是一种理想的养生保健食品。

·操作要领· 鲜竹笋在洗净后要及时水煮杀青，通常，大笋在100℃水温中煮约50分钟，中笋煮约30分钟。

南百红豆

主 料 南瓜 250 克，百合 100 克，红腰豆 150 克

配 料 精盐、味精、白糖、胡椒粉、花生油、香油、湿淀粉、料酒、葱段、姜片各适量

·操作步骤·

① 南瓜去皮取肉切丁；百合洗净切片；锅中加花生油，烧至六成热时，放入南瓜丁、百合片过油倒出；腰豆氽水煮熟后捞出。

② 热油锅入葱段、姜片爆炒，加料酒烹锅，倒入南瓜丁、百合片、红腰豆，加味精、精盐、白糖、胡椒粉调味，炒匀，用湿淀粉勾芡，淋入香油即可。

·营养贴士· 红腰豆是豆类中营养较为丰富的一种，它不含脂肪但含高纤维，能帮助降低胆固醇及控制血糖，非常适合糖尿病患者食用。

油盐水西蓝花

主 料 西蓝花 1 棵

配 料 姜片、色拉油、海鲜酱油、芝麻酱、小葱各适量，食盐、鸡精、芥末各少许

·操作步骤·

① 西蓝花掰成小朵，用清水浸泡一下，放开水锅中焯烫过凉；小葱切碎备用。

② 锅内放色拉油，加姜片、葱花，爆香后将油倒入西蓝花中，加少许精盐、鸡精调味；芝麻酱装碟；海鲜酱油加芥末装碟，摆上桌，吃时醮食即可。

·营养贴士· 西蓝花含有丰富的维生素 A、维生素 C 和胡萝卜素，能增强皮肤的抗损伤能力，有助于保持皮肤弹性。

鱼香

丝瓜粉丝

主料 丝瓜 2 个，粉丝适量

配料 木耳、辣椒酱、蒜、白糖、醋、酱油、姜、植物油、高汤各适量

·操作步骤·

① 粉丝用热水泡软后捞出，控干水分；丝瓜洗净切块；蒜、姜分别切末；木耳泡发洗净撕小朵。

② 用酱油、醋、白糖调匀做成鱼香汁。

③ 锅烧热后倒入植物油，先放入姜末、蒜末炒香，倒入辣椒酱，炒出香味后，倒入高汤，倒入丝瓜，炒至断生时放入粉丝、木耳炒匀。

④ 再倒入事先调好的鱼香汁，大火煮至收汁即可。

·营养贴士· 丝瓜所含各类营养在瓜类食物中较高，其中的皂苷类物质、丝瓜苦味质、黏液质、木胶、瓜氨酸、木聚糖和干扰素等特殊物质具有抗病毒、抗过敏等特殊作用。

·操作要领· 烹制丝瓜时应注意尽量保持清淡，油要少用，可勾稀芡，这样才能显示丝瓜香嫩爽口的特点。

干锅菜花

主料：菜花、西蓝花各1棵，腊肉150克

配料：姜2片，食用油、豆瓣酱、老抽、盐各适量

·操作步骤·

① 菜花、西蓝花掰成小朵，洗净，焯水至断生，再捞出沥干待用；腊肉切片。

② 锅内放油烧热，下姜片、腊肉煸香，下菜花、西蓝花翻炒。

③ 加入豆瓣酱、老抽、盐调味，翻炒到菜花上色，略加一点点水让菜花烧到入味。

④ 转入干锅中，边加热边吃即可。

·营养贴士· 菜花含有抗氧化、防癌症的微量元素，长期食用可以减少乳腺癌、直肠癌及胃癌等癌症的发病率。

拌三样

主料：洋葱250克，鲜红辣椒100克，香菜100克

配料：生抽5克，香油10克，醋10克，盐5克，味精2克，白糖适量

·操作步骤·

① 洋葱洗净，切小块；鲜红辣椒洗净，切小段；香菜洗净、切断。

② 白糖、生抽、香油、醋、盐、味精混合在一起，配成佐料汁。

③ 三种菜摆在盘内，倒入料汁，拌匀即可。

·营养贴士· 洋葱含前列腺素A，能降低外周血管阻力、降低血黏度，可用于降低血压、提神醒脑、缓解压力、预防感冒。

如意韭菜卷

主 料 鸡蛋3个，白萝卜、白蘑菇各80克，韭菜100克

配 料 植物油100克，食盐、面粉各适量

·操作步骤·

① 白萝卜洗净削皮切成丁；韭菜择好，洗净切碎；白蘑菇洗净切丁；鸡蛋打成鸡蛋液；面粉加水调成糊。

② 锅内放适量植物油，烧热后倒入白萝卜丁、韭菜、白蘑菇丁，加少许食盐，一起炒熟，盛出作为馅料。

③ 炒锅放适量植物油，倒入1/2鸡蛋液，以中小火摊成一张蛋皮；把炒好的馅料铺到蛋皮的一边，卷紧。

④ 将卷好的蛋卷放到蛋液和面粉糊中滚匀。

⑤ 锅中烧油至六成热，把蛋卷入锅用小火炸，炸到颜色金黄后捞出，用厨房纸吸干油，切成菱形块，装盘即成。

·营养贴士· 韭菜含有丰富的纤维素，可以促进肠道蠕动、预防大肠癌的发生，同时又能减少对胆固醇的吸收，起到预防和治疗动脉硬化、冠心病等疾病的作用。

·操作要领· 炸韭菜卷时油温不能过高，以六成热为宜，不然卷容易散，无法成形。

火腿炒韭薹

主料 韭薹300克，火腿100克

配料 精盐、食用油、鸡精、胡椒粉、味精各适量

·操作步骤·

① 韭薹洗净切小段；火腿切细条。

② 锅中倒入食用油烧热，放入韭薹及火腿炒香，加入精盐、鸡精、胡椒粉、味精翻炒至汤汁收干后盛出装盘即可。

·营养贴士· 韭薹富含多种维生素，纤维素含量少，而火腿内含丰富的蛋白质和适度的脂肪，氨基酸、多种维生素和矿物质，二者搭配食用，有增强食欲、益肾壮阳的功效。

韭菜莴笋丝

主料 莴笋200克，韭菜100克

配料 红辣椒30克，植物油、食盐、蒜末、醋各适量

·操作步骤·

① 莴笋去皮，洗净切丝；韭菜择好，洗净切段；红辣椒洗净切末。

② 锅内倒入植物油，烧至五成热倒入蒜末爆香，将莴笋、韭菜、红辣椒倒入锅内翻炒。

③ 快熟时加入食盐、醋调味即成。

·营养贴士· 莴笋含钾量较高，有利于促进排尿，减少对心房的压力，对高血压和心脏病患者极为有益。

银耳枸杞
山药羹

主 料 银耳 50 克，枸杞 20 克，山药 150 克

配 料 红枣 30 克，莲子 30 克，冰糖适量

操作步骤

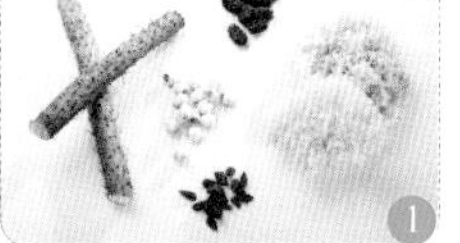
准备所需主材料。

将山药去皮切段。

将莲子、枸杞分别放入冷水中浸泡 1 个小时；将银耳泡发后，洗净撕朵备用。

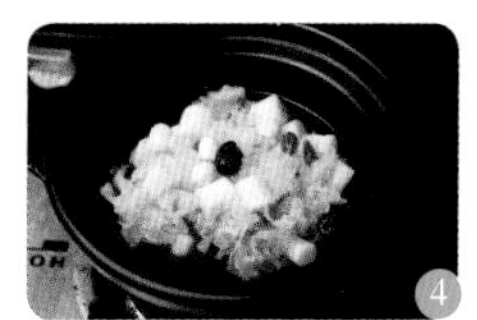
砂锅内放入适量的水，把银耳、枸杞、山药、红枣、莲子放入锅内，加入冰糖后熬制，至熟后即可食用。

营养贴士：此羹具有健脾益胃、帮助消化、益肺止咳、降低血糖、延年益寿等功效。

操作要领：一定要小火慢煮，这样才能使汤的味道浓郁。

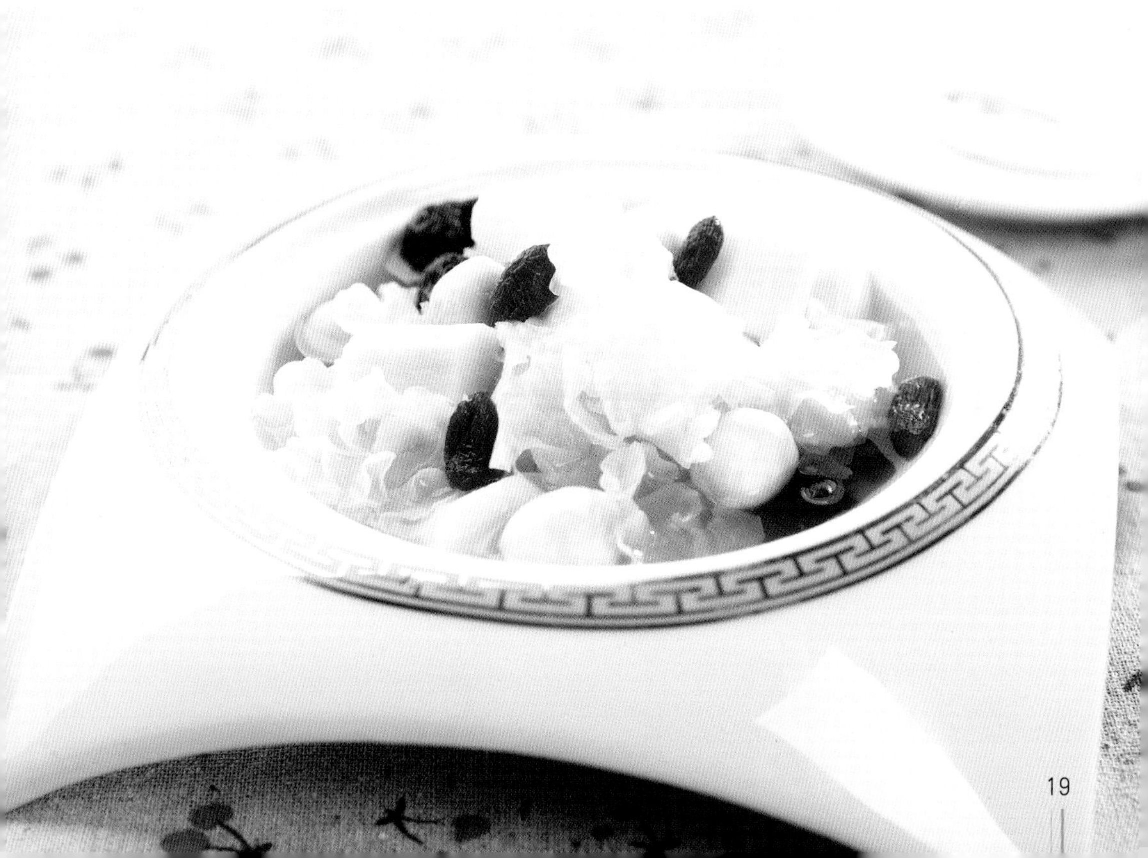

怪味苦瓜

主 料 苦瓜 400 克

配 料 植物油 30 克，花椒油、白糖、白醋、豆豉、食盐、香油、鸡精、葱末、姜末、蒜末各适量

·操作步骤·

① 将苦瓜去瓜蒂，平剖成两瓣，去瓤后切成粗条，放入开水锅中焯一下，捞出用凉开水浸凉，拌入食盐、香油。

② 炒锅上火，加入植物油烧至五成热，下豆豉炒香，装盘冷却后，切成小粒，放入碗内，加白糖、白醋、鸡精、葱末、姜末、蒜末、花椒油调成怪味汁。

③ 苦瓜条放入盘内，淋上怪味汁拌匀即可。

·营养贴士· 苦瓜中的苦瓜苷和苦味素能增进食欲，健脾开胃；所含的生物碱类物质奎宁，有利尿活血、消炎退热、清心明目的功效。

软熘番茄

主 料 番茄 350 克

配 料 鸡蛋 2 个，植物油、食盐、料酒、水淀粉、白糖、香油、面粉、酱油、胡椒粉、醋、番茄酱、高汤各适量

·操作步骤·

① 番茄放入滚烫的开水中浸一遍，取出放入凉水去皮，去籽，切成块备用；鸡蛋打成蛋液，加入水淀粉、面粉调成蛋糊。

② 锅中放入植物油，油温八成热时，把番茄裹匀蛋糊逐个炸到金黄色时捞起，控油。

③ 锅内留少许底油，将高汤、酱油、食盐、胡椒粉、番茄酱、料酒、醋、白糖倒入后烧开，用水淀粉勾芡，淋入香油，起锅淋在番茄上即成。

·营养贴士· 番茄营养丰富，具有减肥瘦身、消除疲劳、增进食欲、提高对蛋白质的消化、减少胃胀食积等功效。

扒苦瓜

主 料 苦瓜 300 克，土豆 100 克

配 料 红辣椒、洋葱、食盐、面糊、水淀粉、生抽、植物油、蒜末、葱末各适量

·操作步骤·

① 洋葱剥去老皮，洗净切丝；红辣椒洗净切末；苦瓜去瓤，洗净切滚刀块，再放进面糊中挂浆，入油锅中炸至金黄色，捞出控油；土豆去皮，洗净，切成薄片，入油锅中炸至金黄色捞出。

② 炒锅烧热放植物油，油热后投入蒜末、葱末爆香，放入苦瓜块、洋葱丝、红辣椒末，用温火翻炒片刻，加入适量清水、生抽烧开，加食盐调味，用水淀粉勾芡后盛入盘中。

③ 将炸好的土豆片摆在盘边即成。

·营养贴士· 苦瓜中含有多种维生素、矿物质，含有清脂、减肥的有效成分，可以加速排毒。

·操作要领· 扒菜对芡汁有严格要求，而此菜应当勾薄芡，过浓影响炒制与美观，过稀则会导致色泽不光亮。

麻酱拌凤尾

主　料 油麦菜 300 克

配　料 芝麻酱 15 克，食盐 3 克，鸡精 2 克，生抽、香油各适量

·操作步骤·

① 油麦菜洗净切长段，放入沸水锅内焯至断生捞出，过凉水，控干水分。

② 把油麦菜整齐地摆放在盘内，芝麻酱加清水调稀，加入食盐、鸡精、香油、生抽调成味汁，淋在油麦菜上即成。

·营养贴士· 油麦菜含有大量维生素 A、维生素 B_1、维生素 B_2 和大量钙、铁等营养成分，是生食蔬菜中的上品，有“凤尾”之称。

蒜香茼蒿梗

主　料 茼蒿梗 300 克

配　料 植物油、蒜、姜、食盐、鸡精、香油各适量

·操作步骤·

① 茼蒿梗择去老梗，洗净后切段；蒜、姜分别切末备用。

② 锅中烧热植物油，下入姜末、蒜末爆香，倒入茼蒿梗翻炒，加食盐调味。

③ 出锅前加鸡精炒匀，淋上少许香油即成。

·营养贴士· 茼蒿具有调胃健脾、降压补脑等效用，而茼蒿中的微量硒，有调节机体免疫功能，抑制肝癌、肺癌及皮肤癌等功效。

素炒蟹粉

主料 胡萝卜150克，土豆200克，竹笋、鲜香菇各80克

配料 植物油50克，香油15克，食盐3克，白糖4克，料酒10克，鸡精2克，醋5克，姜汁10克，胡椒粉1克

·操作步骤·

① 土豆洗净后上屉蒸熟，取出去皮，与胡萝卜同放案上，用刀剁成泥；竹笋、鲜香菇洗净，切成小粒。

② 炒锅上火，放入植物油烧至五六成热，将所有食材一起下入，用手勺不停地翻炒至松散，加入食盐、白糖、姜汁、鸡精、胡椒粉稍炒，再下入料酒、醋炒匀入味，淋入香油装盘即成。

·营养贴士· 胡萝卜中含有丰富的胡萝卜素和维生素A，具有保护心血管健康、祛斑养颜、益肝明目等作用。

·操作要领· 炒至原料不粘锅时，才能加入料酒和醋。

红油豆干雪菜

主 料 雪菜 200 克，豆腐干 50 克

配 料 红辣椒 20 克，大葱 15 克，芡粉 5 克，红油 10 克，植物油 30 克，味精 3 克，白酱油、香油各 2 克，白胡椒粉、精盐各 1 克

·操作步骤·

① 豆腐干、雪菜、红辣椒分别洗净切末，葱切段。

② 锅倒油烧热，放进葱段、辣椒末小炒一下，倒入红油，再放进雪菜和豆干拌炒，最后加味精、精盐、白酱油、香油、白胡椒粉少许和芡粉炒匀即可。

·营养贴士· 此菜含有的营养十分丰富，其中热量、蛋白质及脂肪含量最多，适于各种人群，但高血压患者要少吃。

海米烩萝卜丸

主 料 萝卜丸 10 个，海米、娃娃菜各 50 克

配 料 水淀粉、姜、精盐、植物油各适量

·操作步骤·

① 海米先洗两遍，用水浸泡 1 小时后捞出沥干；姜洗净切片再改刀成姜丝；娃娃菜切片。

② 锅中放适量油烧热，下海米和姜丝一同炒香，下娃娃菜和萝卜丸同炒，加适量水，让原料煮大约 10 分钟后调入水淀粉勾芡，加入少许精盐调味即可。

·营养贴士· 海米营养丰富，富含钙、磷等多种对人体有益的微量元素，是人体获得钙的较好来源。

白灼芥蓝

主 料 芥蓝 400 克

配 料 植物油 30 克，红椒、青椒、葱白、姜、食盐、生抽、白糖各适量

·操作步骤·

① 芥蓝洗净，择掉老叶，削去老皮，洗净切成条；葱白切丝；姜洗净切丝；红椒、青椒洗净切丝。

② 锅中放入适量水，放入生抽、白糖煮沸制成调味汁备用。

③ 另取锅放入水，加入食盐与 10 克植物油，放入芥蓝，大火煮沸，捞出，沥干水分，装入盘中。

④ 将调好的调味汁淋到芥蓝上，摆上葱丝、姜丝、红椒丝、青椒丝；将剩余的油用大火烧热，淋在芥蓝上即可。

·营养贴士· 芥蓝含纤维素、糖类等。其味甘，性辛，具备利水化痰、解毒祛风、除邪热、解劳乏、清心明目等功效。

·操作要领· 芥蓝炒至变色即可，这样才能保持它质脆、色美、味浓的特点。

腐乳炒茼蒿

主 料 茼蒿 300 克

配 料 腐乳 30 克，红辣椒 50 克，植物油 50 克，蒜、食盐、生抽各适量

·操作步骤·

① 鲜茼蒿择去老梗，洗净后切长段；红辣椒去籽，洗净切长条；蒜切末；腐乳用勺子碾碎成蓉。

② 锅中倒植物油，等油热后放入蒜末爆香，倒入茼蒿、腐乳翻炒，茼蒿变色时放入食盐，加入红辣椒条继续翻炒。

③ 最后倒入生抽出锅即成。

·营养贴士· 此菜具有补益脾胃、清热润燥、利小便、解热毒的作用。

·操作要领· 腐乳南北差异明显，而制作此菜最好选择南方的腐乳，其口感鲜美，辣中有甜，更适合炒青菜。

玉米粉

蒸红薯叶

主 料 玉米粉、红薯叶各适量

配 料 食盐、植物油各适量

·操作步骤·

① 红薯叶择好洗净，用水使劲搓洗几遍去掉黑水。

② 将红薯叶、玉米粉、食盐搅拌均匀，将拌好的红薯叶直接放在抹了植物油的笼屉上，蒸锅上汽后放入蒸锅，盖上盖用大火蒸 8 分钟左右出锅即可。

·营养贴士· 红薯叶中有丰富的黏液蛋白，它具有提高人体免疫力、增强免疫功能、促进新陈代谢的作用，常吃红薯叶可延缓衰老。

·操作要领· 蒸的时间不要太长，否则菜叶容易变色，口感也会太过软烂，不够脆爽。

海米冬瓜

主 料 冬瓜 500 克，海米 50 克

配 料 食用油 500 克（实耗 30 克），料酒 5 克，精盐、味精各 3 克，香葱 1 棵，生姜 1 小块，水淀粉适量，花椒粒、小红椒段各少许

·操作步骤·

① 冬瓜去外皮、去瓤，洗净切片，用少许精盐腌 10 分钟左右，沥干水分待用；用温水将海米泡软；葱、姜切末。

② 锅内放油，烧至六成热，倒入冬瓜片，待冬瓜皮色翠绿时捞出沥油。

③ 锅内留底油烧热，爆香葱末、姜末、花椒粒、小红椒段，加适量水、味精、料酒、精盐和海米，烧开后放入冬瓜片，用大火烧开，转小火焖烧，冬瓜熟透且入味后，下水淀粉勾芡，炒匀即可。

·营养贴士· 冬瓜含有充足的水分，具有清热毒、利排尿、止渴除烦、祛湿解暑等功效；海米是钙的较好来源。准妈妈可多吃冬瓜和海米，既可去除孕期水肿，又可补充钙质。

·操作要领· 海米已是很鲜的原料，所以这道菜可不放鸡精。

Chapter 2 畜肉类

菠萝咕噜肉

主 料 猪瘦肉 300 克，菠萝 300 克

配 料 胡萝卜 1 根，白醋 10 克，番茄酱 20 克，干淀粉 14 克，白糖 35 克，味精 2 克，料酒 6 克，胡椒粉 1 克，鸡蛋 25 克，食油 100 克，精盐、葱段、蒜蓉各 4 克，生粉适量

·操作步骤·

① 将猪瘦肉切成厚约 0.7 厘米的厚片，放入精盐、味精、鸡蛋、生粉、料酒拌匀腌至入味；将胡萝卜、菠萝切成三角块。

② 猪肉片挂鸡蛋，拍干淀粉；将白醋、番茄酱、白糖、精盐、胡椒粉调成味汁；猪肉片入热油锅内炸熟。

③ 锅中放油，将葱段、蒜蓉爆香，再放入胡萝卜片与菠萝炒熟，放入调好的汁勾芡，再放入炸好的猪肉翻炒即成。

·营养贴士· 此菜酸甜可口，具有健脾养胃、清肠助消化的功效。

炸芝麻里脊

主 料 猪里脊肉 500 克

配 料 芝麻、鸡蛋、大葱、姜、料酒、盐、味精、香油、水淀粉、植物油各适量

·操作步骤·

① 将葱、姜洗净均切成末；将里脊剔去筋，洗净，切片，加葱末、姜末、料酒、盐、味精、香油腌渍一下，再加入鸡蛋和水淀粉，搅拌均匀。

② 将芝麻放入大盘内，把里脊逐片蘸两面芝麻，用手按实。

③ 锅倒油烧热，逐片将里脊下入油内炸透捞出，待油温升至八成热时，再将肉投入油内炸至呈金黄色时捞出沥油，切条后装盘即成。

·营养贴士· 猪里脊肉含有人体生长发育所需的丰富的优质蛋白、脂肪、维生素等，而且肉质较嫩，易消化。

玻璃酥肉

主 料 猪瘦肉 400 克

配 料 冬菇、冬笋、肉膘各 25 克，面粉 100 克，鸡蛋 1 个，番茄、黄瓜、葱、精盐、味精、花生油、清汤、湿淀粉各适量

·操作步骤·

① 将猪肉切成大薄片，放在盘中摊平；将冬菇、肉膘、冬笋、葱切成末，放入碗中，加面粉、鸡蛋黄搅成糊，涂在肉片上；番茄洗净切小块；黄瓜洗净切片。

② 另置一锅，加花生油，烧至七成热，逐片放入肉片，炸至金黄色捞出，沥干油后切成小块。

③ 净锅加少许清汤、精盐、味精，用湿淀粉勾芡，烧开后盛入汤盘中，上面放酥肉片、番茄、黄瓜即成。

·营养贴士· 猪瘦肉比肥肉含蛋白质多，且所含蛋白质是优质蛋白质，不仅含有的氨基酸全面、数量多，而且比例恰当，接近于人体的蛋白质，容易消化吸收。

·操作要领· 面粉和蛋黄搅拌时要适当多加些面粉，这样才能均匀地挂在肉上。

红椒酿肉

主 料 泡红鲜椒500克，猪五花肉300克

配 料 金钩虾30克，水发香菇15克，鸡蛋1个，鸡胸肉100克，蒜瓣50克，老抽20克，精盐2克，香油3克，淀粉20克，味精少许

·操作步骤·

① 猪肉、鸡肉剁成泥；虾、香菇洗净剁碎，加肉泥、鸡蛋、味精、精盐、淀粉调成软馅。

② 泡红椒在蒂部切口去瓤，填入肉馅，用湿淀粉（淀粉加水）封口，炸至八成熟捞出，底朝下码入碗内，撒上蒜瓣，上笼蒸透，滗出原汁翻扣在盘中，原汁加入老抽、香油，勾芡淋在红椒上即可。

·营养贴士· 红辣椒带有辛香味，能去除菜肴中的腥味，还具有御寒、增强食欲、杀菌的功效。

芥末白片肉

主 料 猪腿肉400克

配 料 蒜瓣15克，姜10克，醋5克，味精、精盐各2克，芥末粉10克，酱油、麻油各15克，娃娃菜适量

·操作步骤·

① 猪肉洗净，放入开水锅中煮熟，用原汤浸泡并晾凉；芥末粉用开水调湿，用纸封严加温约15分钟后，成芥末汁；蒜瓣捣成泥，放入碗内，加入麻油和凉开水搅匀；娃娃菜切掉根部，横切段，洗净，放入开水锅中氽烫至熟，放入盘中待用。

② 姜切末，加入芥末汁、蒜泥汁、酱油、醋、精盐、味精兑成卤汁。

③ 将煮熟的肉剔去皮和部分肥肉，切成4.5厘米长、3.3厘米宽的薄片，放在娃娃菜上，倒入卤汁拌匀即可。

·营养贴士· 猪肉含有丰富的B族维生素，经常食用可以强筋壮骨。

锅包肉

主 料 猪里脊肉 500 克，水淀粉 300 克，鸡蛋 3 个

配 料 葱、姜、香菜、胡萝卜、蒜蓉、白糖、白醋、盐、生抽各适量

·操作步骤·

① 葱、姜、胡萝卜洗净切丝，香菜洗净切段，白糖、白醋、生抽、盐调成味汁，猪里脊肉切大片。

② 水淀粉加少许蛋清调成面糊，将肉片放在里面均匀地裹上一层面糊（不要太厚）。

③ 锅倒油烧至五六成热时，一片片下入裹好面糊的肉片，中火炸熟，捞出；锅中留油将火调至大火，放入炸过的肉片，大火炸至焦脆、上色捞出。

④ 锅中留少许底油，放入葱丝、姜丝、香菜、胡萝卜丝、蒜蓉翻炒至熟，再放入炸好的肉片翻炒均匀，淋入味汁，大火快速翻炒出锅即可。

·营养贴士· 此菜当中含有人体所需的优质蛋白质，还含有能够促进铁吸收的半胱氨酸，能改善缺铁性贫血患者的症状。

·操作要领· 猪肉要片成较大的薄片，这样既可以均匀地裹上面糊，又容易炸熟炸透，吃起来也更入味。

冬笋干烧肉

主料 猪五花肉750克，冬笋500克

配料 葱花、白糖、味精、猪油（炼制）、酱油、料酒、鲜汤、精盐各适量

·操作步骤·

① 将猪五花肉切块，放入开水，待沸腾捞起，洗净血水；冬笋去掉外壳和根须，切成同肉一般大小的块。

② 炒锅置旺火上，下猪油，烧至六成热，放入猪肉煸炒，加入酱油、料酒、白糖，烧至上色，加入鲜汤，转微火，加盖焖至六成熟。

③ 另起锅置旺火上，放油烧至六成热，下冬笋块炸上色，捞起，投入肉锅拌和再烧，待八成熟时加精盐和味精，撒上葱花即可。

·营养贴士· 猪肉含有丰富的优质蛋白质；冬笋中含有丰富的纤维素，能促进肠道蠕动，有助于消化吸收；荤素搭配，营养更加全面。

鱼香肉丝

主料 猪肉300克，青笋100克，木耳100克

配料 白糖5克，醋、酱油各5克，葱花、淀粉、肉汤、泡红辣椒、姜末、蒜末、精盐、植物油各适量

·操作步骤·

① 将猪肉切成约7厘米长、0.3厘米粗的丝，放入碗中，加精盐、水淀粉（淀粉加水）拌匀，腌渍10分钟；青笋、木耳均切成丝。

② 白糖、醋、酱油、葱花、淀粉和肉汤放另一碗内，调成芡汁。

③ 炒锅上旺火，下植物油烧至六成热，下肉丝炒散，加姜末、蒜末和剁碎的泡红辣椒炒出香味，再加入青笋、木耳炒几下，然后烹入芡汁，加精盐颠翻几下即成。

·营养贴士· 此菜营养丰富，更有清热解毒的功效，一般人群皆可食用。

油煎千刀肉

主 料 猪里脊肉 200 克，薄面饼 100 克

配 料 蒜薹 50 克，熟花生米 20 克，食用油、干红辣椒、酱油、盐、味精各适量

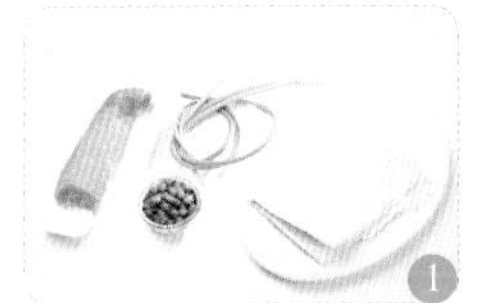

1 准备所需主材料。

2 将肉切成肉末，用酱油、盐、味精腌入味；将薄面饼改刀成 15 厘米的正方形。

3 将花生米拍碎，将干红辣椒切碎，将蒜薹切成小段。

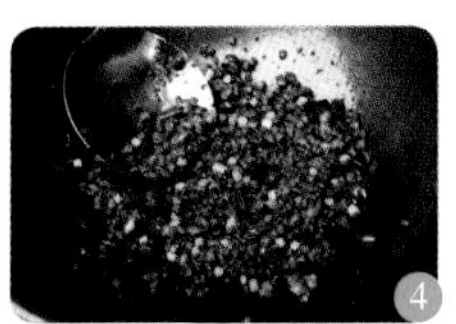

4 锅内放入食用油，将肉末、花生米碎、红辣椒、蒜薹放入锅内翻炒，至熟后，将炒好的肉末卷在薄饼中即可食用。

营养贴士：猪肉具有补肾养血，滋阴润燥之功效。

操作要领：炒制前，将肉末内放入酱油、食盐、味精腌制 10 分钟左右为宜。

海带肉卷

主 料 猪肉馅100克，海带条6条

配 料 金针菇50克，葱花10克，味精3克，料酒8克，蚝油2克，醋5克，精盐5克，生粉、淀粉各适量

·操作步骤·

① 猪肉馅加葱花、精盐、味精、料酒、蚝油、水和生粉搅拌均匀；金针菇洗净，焯一下，放入碗中加入精盐、味精、醋，拌一下。

② 把拌好的肉馅铺在海带条上，再放上金针菇，轻轻地卷起海带，封口处用淀粉粘住。

③ 把卷好的海带肉卷放锅中蒸20分钟即可。

·营养贴士· 海带肉卷，不仅营养丰富，消化吸收率高，同时还能调节体内酸碱平衡，避免引起酸中毒，影响身体健康。

鱼香小滑肉

主 料 猪肉300克

配 料 青椒60克，木耳50克，红尖椒30克，白糖10克，酱油、醋各10克，姜末、葱末、蒜末各10克，精盐3克，味精1克，淀粉25克，清汤、植物油各适量

·操作步骤·

① 猪肉、青椒、红尖椒切片；猪肉用精盐腌片刻，再用淀粉拌匀；将酱油、白糖、醋、味精、清汤、淀粉混合制成鱼香汁；木耳泡发后撕成小朵。

② 锅中油烧至六成热时放入肉片翻炒；然后放入红尖椒、姜末、蒜末、葱末炒香，再放入青椒片、木耳炒匀，倒入鱼香汁翻炒至熟即可。

·营养贴士· 此菜营养价值丰富，具有增强食欲，促进消化的功效。

酥辣粉蒸肉

主料 五花肉400克，川味蒸肉粉200克

配料 干辣椒段50克，鸡精、醪糟、刀口辣椒各10克，红油豆瓣、二汤各50克，芝麻3克，香油5克，色拉油500克（实耗15克），花椒、红油、姜末、葱末各适量

·操作步骤·

① 把五花肉切薄片，加入川味蒸肉粉、红油豆瓣、二汤、鸡精、醪糟拌匀，平铺入笼中蒸熟，拿出晾凉，一片片卷上备用。

② 锅置火上，放入色拉油烧至四成热，放入粉蒸肉卷，炸至外酥内嫩、表面呈金黄色，起锅沥油。

③ 锅置火上，放入红油，下花椒、干辣椒段、姜末、葱末煸出香味，下粉蒸肉卷、刀口辣椒炒匀，淋香油，撒芝麻即可出锅。

·营养贴士· 猪肉性平，味甘、咸，含有丰富的蛋白质及脂肪、糖类、钙、铁、磷等营养成分。

·操作要领· 炸时要炸至外酥里嫩；炒辣椒时要炒出辣椒的香味。

应山滑肉

主料 肥膘肉 750 克

配料 鸡蛋 3 个，火腿 2 根，黄花菜 15 克，红枣、清汤、精盐、味精、胡椒粉、料酒、姜末、葱末、淀粉、色拉油各适量

·操作步骤·

① 猪肉去皮，切成 3 厘米长、1.5 厘米厚的片，加精盐、料酒、姜末略腌；2 个鸡蛋煮熟；火腿切块。

② 1 个鸡蛋打散，加适量水、淀粉拌匀，将猪肉片放入拌匀裹浆。

③ 锅中放油，烧至六七成热，放入猪肉片炸至外酥内软、表面金黄关火待用。

④ 砂锅中放清汤烧开，放入猪肉、红枣、熟鸡蛋煨 20 分钟，至肉熟后放入火腿、黄花菜，加葱末、胡椒粉、味精调味，烧开即可。

·营养贴士· 肥猪肉中胆固醇、脂肪含量都很高，故不宜多食，而肥胖人群及血脂较高者则不宜食用。

港式叉烧肉

主料 猪梅肉 500 克

配料 叉烧酱 150 克，葱、姜各 10 克，花雕酒、酱油各 10 克，精盐 5 克，植物油适量

·操作步骤·

① 猪肉洗净后切成大片；葱切段；姜切片。

② 将肉片用花雕酒、精盐、葱、姜和酱油腌渍 20 分钟。

③ 锅中放油，五成热时，转中火，放入肉片炸至变色，表面定型后捞出。

④ 锅中留底油，爆香腌渍肉片用的葱、姜；然后放入叉烧酱，小火慢炒，出香味后倒入清水，大火烧开；再放入炸好的肉片，转小火慢熬至肉片上色；最后大火收干汤汁，装盘撒上葱花即可。

·营养贴士· 本菜可提供血红素（有机铁）和促进铁吸收的半胱氨酸，能改善缺铁性贫血。

芝麻神仙骨

主料 猪排骨700克

配料 干辣椒段、葱花、姜丝、精盐、酱油、五香粉、味精、熟白芝麻、香油、植物油各适量

·操作步骤·

① 排骨斩段，焯水，在高压锅里压20分钟至肉烂骨出，捞出控干水分，加入姜丝、葱花、酱油、精盐拌均匀，腌30分钟左右。

② 热锅放多些植物油，烧到七成热，下入腌过的排骨，煎炸至两面焦黄，加入干辣椒段翻炒。

③ 加入排骨汤和精盐、酱油、五香粉、味精，用中火收汁，煮至水分将干时起锅晾凉，再加入熟白芝麻和香油拌匀装盘即可。

·营养贴士· 排骨可以滋养脾胃，合理食用排骨，可以保健脾胃。

·操作要领· 排骨放入高压锅里压之前可以点几滴醋，有利于钙溶解于汤里；排骨捞出后，排骨汤可以留着煮面条、做炖菜都很好。

粽香肋排

主料 肋排500克，糯米200克

配料 粽叶10张，精盐、酱油、蚝油、鸡精、糯米、胡椒粉各适量

·操作步骤·

① 肋排斩小段，用精盐、酱油、蚝油、鸡精腌上30分钟；糯米碾碎撒少许精盐和胡椒粉拌匀。

② 将腌好的肋排放到糯米碎里面滚一下，粘满糯米粉后用粽叶卷起，拿线扎好放入蒸锅中，用大火蒸1小时即可。

·营养贴士· 肋排含有大量磷酸钙、骨胶原、骨粘连蛋白等，可为幼儿和老人提供钙质。

山椒焗肉排

主料 猪排骨500克

配料 泡山椒、红辣椒段、蒜蓉、味精、精盐、料酒、生粉、吉士粉、汾酒、面粉、小苏打、植物油各适量

·操作步骤·

① 猪排骨洗净斩成块，用精盐、味精、小苏打、汾酒、吉士粉、面粉、生粉腌好；泡山椒剁碎。

② 锅中倒植物油烧热，将腌好的猪排放进锅里面炸熟后捞出，控油待用。

③ 另起锅注入植物油烧热，放入红辣椒段、蒜蓉、精盐、料酒和肉排一起翻炒至入味后出锅摆盘。

④ 锅中留底油，放入切碎的泡山椒翻炒至出辣味后，盛出淋在排骨上即可。

·营养贴士· 本菜含有着丰富的肌氨酸，可以增强体力，让人精力充沛。

香辣肥肠

主 料 肥肠 500 克

配 料 红辣椒 100 克，蒜、姜、花椒、料酒、精盐、酱油、白糖、鸡精、食用油各适量

·操作步骤·

① 肥肠洗净；红辣椒切段；姜、蒜分别切片。

② 锅中放水，放入洗净的肥肠，再放入料酒、姜片煮至沸腾，取出肥肠；锅中重新放水，加姜片、料酒，再将肥肠放入锅中，将肥肠煮软，取出晾凉后切成 5 厘米长的段备用。

③ 锅中倒食用油烧至六成热，倒入肥肠，放精盐，转中火将水分慢慢煸干至肥肠有些干，盛出备用。

④ 锅中留底油，放入姜片、蒜片翻炒出香味，倒入红辣椒段和花椒，转中火翻炒至辣椒有一点点变色，倒入肥肠继续翻炒一小会儿，放入料酒、酱油、白糖、鸡精继续翻炒至辣椒变成暗红色后，关火盛出装盘即可。

·营养贴士· 本菜有润燥、补虚、止渴止血之功效。可用于治疗虚弱口渴、脱肛、痔疮、便血、便秘等症。

·操作要领· 煮肥肠时放入料酒和姜片，能去除腥味。

熘肥肠

主料 肥肠300克

配料 大葱80克，蒜苗100克，香油2克，酱油10克，干淀粉30克，水淀粉40克，白糖、味精、姜片、鲜汤、植物油各适量

·操作步骤·

① 肥肠洗净切段，加入酱油腌渍10分钟，裹上干淀粉，使其均匀附着；大葱、蒜苗洗净切段。

② 锅中植物油八成热时，下入肥肠炸成金黄色，倒入漏勺中沥油；把白糖、味精、酱油、鲜汤、水淀粉放入碗中，调成稀芡汁备用。

③ 油锅炒出姜片的香味，放入葱段和蒜苗段，翻炒均匀后，再下入备用的肥肠，迅速颠炒；裹匀芡汁，滴上香油即成。

·营养贴士· 猪大肠性寒，味甘，有润肠、去下焦风热、止小便频数的功效。

潮汕煮猪肚

主料 猪肚300克

配料 潮汕咸菜50克，红椒、青椒各少许，植物油、白胡椒各适量

·操作步骤·

① 猪肚放入锅中焯一下，撇去浮沫，捞出洗净；红椒、青椒洗净切片；潮汕咸菜切片。

② 猪肚中塞入压碎的白胡椒，放入锅中焖煮，然后捞出切片。

③ 锅置火上，倒植物油烧热，下红椒、青椒翻炒，炒至变软后倒入煮猪肚的汤，以大火煮沸，加入猪肚、潮汕咸菜，煮熟即可。

·营养贴士· 此菜具有补虚损、健脾胃的功效。

姜汁肚片

主 料 熟猪肚 200 克

配 料 姜 25 克，酱油、香油各 5 克，冷鲜汤、醋各 25 克，精盐 3 克，味精 0.5 克，芹菜、葱末、蒜末、花椒、白胡椒粉各适量

·操作步骤·

① 姜去皮剁成芝麻大的颗粒装入小碗中，用醋浸泡成姜汁；芹菜洗净切段，入开水焯熟，摆入盘中。

② 猪肚用精盐和醋反复搓洗至表面无黏液，洗净后放进冷水锅中，煮至猪肚表面凝固，无黏液，捞出洗净，去除表面的油膘、白筋、杂质，放入开水锅中；加适量精盐、姜粒、葱末、蒜末、花椒、白胡椒粉，煮开后打去表面浮沫，大火煮 30 分钟，关火；锅放在炉上至凉，将猪肚取出，切成约 3 毫米薄的片，摆在芹菜上。

③ 将姜汁、酱油、醋、精盐、味精、鲜汤、香油装入碗内调成姜汁味，淋到猪肚上即可。

·营养贴士· 猪肚中含有大量的钙、钾、钠、镁、铁等微量元素和维生素 A、维生素 E、蛋白质、脂肪等营养成分。

·操作要领· 关火后在炉上放一晚，使猪肚充分入味。

家常热味肘子

主料 猪肘 750 克

配料 精盐 5 克，姜、葱各 15 克，豆瓣 15 克，淀粉（玉米）8 克，酱油、醋各 8 克，花生油 30 克，汤 200 克

·操作步骤·

① 猪肘刮洗干净，在小火上炖烂，将炖烂的肘子切成 2 厘米的方块；豆瓣剁细；姜切末，葱切葱花；淀粉放碗内加水调制出湿淀粉备用。

② 炒锅置旺火上，放花生油烧至五成热，放豆瓣炒出红油，放姜末、葱花、酱油、精盐，加汤 200 克，下肘子炒匀，肘子上色入味后用湿淀粉勾芡，加醋炒匀，起锅装碟即成。

·营养贴士· 猪肘营养很丰富，含较多的蛋白质，特别是含有大量的胶原蛋白质，是美容养颜、强体增肥的食疗佳品。

黄豆酸菜煨猪手

主料 猪手 750 克

配料 黄豆 20 克，酸菜 20 克，盐 10 克，鸡精 2 克，味精 1 克，骨头汤 1000 克

·操作步骤·

① 将猪手洗净斩成 3 厘米见方的块，然后入锅中氽透去血水；黄豆用水泡发；酸菜切成 5 厘米长的段。

② 取一煨汤罐，加入骨头汤，放猪手、黄豆、酸菜、盐、鸡精，用微火煨 3 小时至猪手软烂离骨，加入味精调匀上桌即可。

·营养贴士· 黄豆富含很高的蛋白质；猪手中含有丰富的胶原蛋白。黄豆和猪手同炖，可以延缓皮肤衰老，让皮肤紧致，还具有预防癌症发生的功效。

炒猪肝

主 料 猪肝500克，洋葱200克

配 料 植物油80克，精盐、干红椒、料酒、酱油、鸡精、葱丝、姜片、蒜各适量

·操作步骤·

① 清洗猪肝，切片，用料酒、酱油腌15分钟；洋葱洗净切片；蒜切碎备用。

② 锅置火上，倒入植物油，烧至五成热，加入姜片、红椒、碎蒜爆香，放入洋葱翻炒均匀，洋葱变软时加入猪肝，大火翻炒3分钟，加入料酒、酱油、精盐。

③ 出锅前加入鸡精、葱丝即可。

·营养贴士· 猪肝中富含铁元素，是补血的常见食物，食用猪肝可调节和改善贫血患者造血系统的生理功能。

·操作要领· 猪肝下锅后要迅速滑开，以免猪肝粘结成块。

开胃猪蹄

主料 猪蹄300克

配料 黄瓜50克，蒜汁、姜、生抽、糖、青辣椒、尖椒、红辣椒、泡椒、精盐、植物油各适量

·操作步骤·

① 处理干净猪蹄，切块备用；姜、黄瓜切片备用；红辣椒、青辣椒、泡椒横切成圈备用；尖椒斜切成段备用。

② 锅里烧开水，放入姜片，加入猪蹄煮熟后捞出。

③ 把捞出的猪蹄用冷水冲凉，然后沥干。

④ 锅里放植物油，放入猪蹄、黄瓜、青辣椒、红辣椒、尖椒、泡椒翻炒，用蒜汁、生抽、糖、精盐调味，翻炒熟后即成。

·营养贴士· 猪蹄性平，味甘、咸。有补血、通乳、托疮的作用，可用于产后乳少、痈疽、疮毒等症。

水晶肴蹄

主料 猪蹄适量

配料 粗精盐、葱结、姜片、绍酒、葱丝、姜末各适量

·操作步骤·

① 猪蹄刮洗干净，用刀平剖开，剔去骨，皮朝下平放在案板上，用竹签在瘦肉上戳几个小孔，再用粗精盐揉匀擦透；猪蹄入缸腌渍20分钟后取出，放入冷水内浸泡1小时，取出并刮除皮上污物，用温水漂净。

② 猪蹄皮朝上入锅，加葱结、姜片、绍酒、水，焖一个半小时，至肉酥取出；皮朝下放入平盆中，盖上空盆压平，将锅内汤卤烧沸，去浮油，倒入平盆中，稍加一些鲜肉皮冻凝结，即成水晶肴蹄；切片摆入盘中，放上葱丝、姜末即可。

·营养贴士· 本菜具有美容养颜的功效。

蚝油牛肉

主料 牛肉 300 克

配料 洋葱 20 克，淀粉、盐各 3 克，黄酒、香油各 3 克，蚝油 10 克，蒜 1 克，味精、胡椒粉各 1 克，酱油 5 克，植物油 60 克

·操作步骤·

① 把蚝油、味精、盐、酱油、胡椒粉、淀粉调成芡汁备用；洋葱剥皮切成丝备用；蒜切末备用；牛肉切成片。

② 用旺火烧热炒锅，加植物油，油温达到四成热时，下牛肉片炒至九成熟，把牛肉捞出沥干。

③ 将锅放回火上，下蒜末爆香，倒入洋葱丝翻炒熟。

④ 放入牛肉片，加入黄酒，用芡汁勾芡，加香油炒匀，迅速盛出即成。

·营养贴士· 牛肉中脂肪含量很低，却富含结合亚油酸，可以有效对抗举重等运动中造成的肌肉拉伤；另外，亚油酸还可以作为抗氧化剂保持肌肉块。

·操作要领· 因为最后一步还要放入牛肉翻炒，所以第二步炒牛肉时九成熟就捞出，这样炒出来的肉片才会鲜嫩。

纸包牛肉

主 料 腌牛肉粒（用边角料即可）200克

配 料 土芹菜粒50克，葱姜水20克，糯米纸10张，面包糠100克，鸡蛋液50克，盐5克，鸡精、胡椒粉各2克，色拉油、香菜各适量

·操作步骤·

① 将腌好的牛肉粒加入芹菜粒，放入葱姜水、盐、胡椒粉、鸡精调匀成肉馅。

② 取糯米纸，将牛肉馅放入纸上，摊开，折起来成饼，然后蘸鸡蛋液，拍上面包糠，放入五成热的油锅中小火炸1分钟左右至金黄色，捞出控油后码放在盘子里，放上香菜点缀即可。

·营养贴士· 本菜含有丰富的钾、铁、锌、镁等矿物质，有助于合成蛋白质、促进肌肉生长、造血等。

口口香牛柳

主 料 牛里脊肉250克

配 料 洋葱50克，青椒、红椒各1个，黑胡椒粉5克，蚝油15克，水淀粉10克，料酒、精盐、白糖、鸡精、植物油、芝麻各适量

·操作步骤·

① 牛里脊肉洗净，用刀背拍松，切厚片，放入装有料酒、植物油及水淀粉的碗中，拌匀后腌15分钟。

② 洋葱洗净切丝；青椒、红椒洗净，去蒂及籽，均切成大小相仿的丝。

③ 锅中倒油烧热，放入牛柳，炒至七成熟，加入黑胡椒粉、蚝油、白糖、精盐、鸡精、芝麻炒匀，放入洋葱和青椒丝、红椒丝，翻炒至熟装盘即可。

·营养贴士· 本菜对增长肌肉、增强力量特别有效。

麻辣牛肉丝

主 料 鲜牛肉 500 克

配 料 干辣椒面 15 克，酱油 10 克，花椒面 10 克，精盐 3 克，白糖、料酒、红油辣椒、熟白芝麻、味精、香油、花生油、清汤、花椒、姜末、葱段各适量

·操作步骤·

① 牛肉去筋，切块，放入清水锅内烧开，打尽浮沫，加入少许姜末、葱段、整花椒，微火煮断生捞起，晾凉后切成粗丝。

② 锅内倒入花生油烧至六成热，放入牛肉丝，炸干水分，盛出。

③ 锅内留余油，下干辣椒面、姜末，微火炒出红色后加清汤，放入牛肉丝（汤要淹过肉丝），加精盐、酱油、白糖、料酒，烧开后移至微火慢煨。

④ 不停翻炒至汤干汁浓时加味精、红油辣椒、香油，调匀，起锅装入托盘内，撒花椒面、熟白芝麻，拌匀即成。

·营养贴士· 本菜蛋白质含量丰富，具有提高机体抗病能力的功效。

·操作要领· 牛肉晾凉后切丝时，应注意把附在牛肉上的筋丝剔除，这样口感才最佳。

软煎牛肉

主料 牛肉500克

配料 鸡蛋100克，香油、黄酒、酱油各5克，小麦面粉10克，五香粉3克，味精、精盐、植物油各适量

·操作步骤·

① 将牛肉切片，用精盐、酱油、五香粉、味精、黄酒、香油腌15分钟。

② 把鸡蛋磕入碗内，用筷子搅开，加入面粉，打成蛋糊。

③ 炒锅置火上，加植物油烧热，肉片沾上鸡蛋液逐片下锅煎制，煎至肉片呈金黄色，酥嫩时捞出，整齐地码在盘内即可。

·营养贴士· 本菜具有增强免疫力，促进蛋白质的新陈代谢合成的功效，有助于紧张训练后身体的恢复。

明炉西汁牛腩

主料 牛腩500克

配料 精盐、味精、鸡精、白糖、生粉、香料各适量，番茄酱25克，胡椒粉2克，葱段、姜末、蒜片各5克，色拉油20克，鸡汤600克

·操作步骤·

① 牛腩洗净切块，入凉水中大火烧开，打去浮沫，捞出放入高压锅内，放入香料，大火烧开改小火焖15分钟，离火备用。

② 锅内油热时，入葱段、姜末、蒜片煸香；调入番茄酱小火炒匀，放入鸡汤；加牛腩小火烧10分钟，放精盐、味精、鸡精、白糖、胡椒粉调味，再用生粉勾流水芡，盛入盘中即可。

·营养贴士· 牛腩富含高质量的蛋白质，含有各种氨基酸，其中所含的肌氨酸比任何食物都高。

虎皮杭椒浸肥牛

主 料 肥牛肉、杭椒各300克

配 料 金针菇、豆腐皮各50克，葱、姜、蒜各20克，红辣椒少许，生抽、精盐、鸡精、植物油各适量

·操作步骤·

① 杭椒洗净、去蒂；肥牛肉洗净、切片；金针菇撕成一条一条的；豆腐皮切成条；葱、姜、蒜分别切成末；红辣椒切丝，焯水。

② 锅中倒油烧热，将杭椒一个一个放进去，煎至微黄变软时捞出，控油摆在盘底。

③ 另起锅倒油烧热，放入葱末、姜末、蒜末炒香，加入肥牛肉片，炒至八成熟时加入金针菇、豆腐皮一起炒，加入精盐、鸡精、生抽，加适量清水焖一会儿出锅，倒入放杭椒的盘子里，放上焯过水的红椒丝即可。

·营养贴士· 牛肉有暖胃作用，而杭椒既是美味佳肴的好佐料，又具有温中散寒、促进食欲的作用，二者搭配，为寒冬补益佳品。

·操作要领· 牛肉切片时应横着切，切断纤维组织为好，这样才不会塞牙。

罐煨牛筋

主料 牛蹄筋（泡发）600克

配料 火腿50克，竹笋100克，红枣20克，甘草5克，莲子30克，料酒15克，精盐、味精各10克，高汤适量

·操作步骤·

① 牛筋去油，整理干净，切2厘米立方块，用滚水略烫，捞起沥干；竹笋洗净，去壳切片；红枣、莲子略冲净；火腿切片。

② 将牛筋、竹笋、火腿、红枣、甘草、莲子、料酒、精盐、味精与高汤同入瓦罐，用大火煮开后，改成小火慢慢炖4小时左右，待牛筋熟烂即可。

·营养贴士· 此菜具有美容养颜、延缓衰老、气血双补、壮腰健肾等功效。

红酒牛肋排

主料 牛肋排500克

配料 红酒250克，番茄酱100克，洋葱丝50克，沙拉油50克，蒜片15克，食盐5克，水淀粉、月桂叶各少许

·操作步骤·

① 牛肋排斩成小段，洗净，沥干水分，放入少许洋葱丝、多一半红酒、月桂叶腌渍30分钟。

② 平底锅放入沙拉油，油温八成热时下入腌好的牛肋排煎至两面焦黄，盛出。

③ 锅中留底油，放入蒜片、剩余的洋葱丝爆香，再加适量水、番茄酱，大火煮开，加入牛肋排、食盐、腌肉的红酒汁，以中小火炖煮1小时。

④ 待汤汁剩下不多时，再倒入剩余红酒，大火收汁，以水淀粉勾薄芡，即可出锅。

·营养贴士· 牛排中富含的叶酸，可防止胎儿先天性残疾。

香酥羊里脊

主料 羊里脊肉 500 克

配料 食用油、鸡蛋清、洋葱、青椒粒、红椒粒、面粉、胡椒粉、葱末、姜末、精盐、酱油、鸡精、料酒、香油各适量

·操作步骤·

① 羊里脊肉洗净切块，用精盐、酱油、料酒、葱末、姜末、胡椒粉、香油腌渍 10 分钟；洋葱切粒。

② 锅中注入食用油烧热，将腌渍好的羊里脊肉裹一层面粉，再在鸡蛋清里蘸一下，放入锅中，炸至变色后取出控油。

③ 锅中留底油，下葱末、姜末、洋葱粒、青椒粒、红椒粒爆香，加入料酒、鸡精、精盐、胡椒粉和少许水，放入羊肉翻炒均匀，淋香油出锅即可。

·营养贴士· 羊肉营养丰富，对肺结核、气管炎、哮喘、贫血、产后气血两虚、腹部冷痛、体虚畏寒、营养不良、腰膝酸软、阳痿早泄以及虚寒病症均有很大裨益。

·操作要领· 羊里脊肉切块后，用刀拍一下，再用刀背捶松后，更易腌渍入味。

川香羊排

主料 羊排400克

配料 杭椒段100克，精盐4克，味精3克，鸡精2克，绍酒、醋各10克，干辣椒、胡椒粉、花椒、白糖、葱丝、白芝麻、色拉油各适量

·操作步骤·

① 羊排洗净，剁成块，调入精盐、味精、白糖、胡椒粉、绍酒、鸡精腌渍20分钟至入味。

② 净锅上火，倒入色拉油烧至三四成热，下入羊排炸至肉熟，捞起控净油分待用。

③ 锅内留底油，下入杭椒段、花椒、干辣椒、葱丝爆香，烹入醋，放入羊排，撒上白芝麻，迅速翻炒均匀即可。

·营养贴士· 本菜具有增强消化、保护胃壁、修复胃黏膜、帮助脾胃消化、延缓衰老的功效。

窝头口味羊肉

主料 羊肉500克

配料 青椒、红椒、芹菜各50克，豆豉20克，酱油、葱、姜、大料、桂皮、料酒、花椒、精盐、植物油各适量

·操作步骤·

① 将羊肉洗净，漂净血水，切块，放入沸水中汆一下，捞出洗净；葱、姜洗净分别切段、拍松；青椒、红椒分别切段，芹菜切小段。

② 冷锅加植物油，油热后加入豆豉，翻炒后放羊肉、青椒段、红椒段、芹菜段爆香，然后加入酱油、精盐、料酒、大料、桂皮、姜片、葱段、花椒，烧至收汁后盛出，配以窝头食用即可。

·营养贴士· 本菜可以增加人体热量，抵御寒冷，非常适合冬季食用。

香辣羊肉锅

主 料 羊肉 500 克

配 料 藕 1 节，红枣 2 颗，香料、姜、蒜、葱花、料酒、生抽、老抽、色拉油、醋、干辣椒、郫县豆瓣酱、精盐各适量

·操作步骤·

① 羊肉放入清水中清洗至无血水后捞出，切块；锅内放入适量的冷水，下入羊肉，加入少许醋烧开，捞出，再用清水冲去血沫，沥干待用；干辣椒切段；姜切片；蒜去皮，切末；红枣洗净；藕洗净切片。

② 热锅中倒油，下入郫县豆瓣酱，炒出红油后下入羊肉、香料、干辣椒段、姜片、蒜末炒匀，加入料酒、老抽、生抽以及适量的精盐炒匀。

③ 加入热水（以浸过羊肉为宜），盖上锅盖，大火烧开后转小火焖煮约 70 分钟，下入藕片、红枣煮约 2 分钟后出锅，撒上葱花即可。

·营养贴士· 羊肉具有补肾壮阳、补虚温中等作用，男士适合经常食用。

·操作要领· 加热水炖煮羊肉，最好一次性加入足够的水，不要中途添加水，否则味道会大打折扣。

砂锅羊肉

主料 羊肉 400 克，平菇 300 克

配料 香芹粒 5 克，青蒜 2 根，精盐、酱油、胡椒粉、白糖、红油各适量

·操作步骤·

① 羊肉洗净后剁成小块焯水，撇去浮沫，捞出备用；平菇洗净撕开备用，青蒜叶切斜段。

② 将羊肉和平菇加入所有调料一起放在砂锅里炖 30 分钟，待羊肉酥烂之后撒上青蒜叶、香芹粒即可。

·营养贴士· 本菜不仅可以促进血液循环，增加人体热量，而且还能增加消化酶，帮助胃消化，容易出现手脚冰冷、脸色苍白、体重不足的女性可以在冬季多吃些羊肉。

锅塌羊肉

主料 羊肉 200 克，鸡蛋 150 克

配料 红辣椒、葱末、植物油、蒜末、精盐、料酒、淀粉各适量

·操作步骤·

① 羊肉切成肉末，放入精盐、料酒、淀粉腌渍；鸡蛋磕入碗中，搅匀备用；红辣椒切末备用。

② 在炒锅中加植物油，油温七成热的时候把羊肉放进去，变色后马上盛出来沥干油。

③ 将葱末、蒜末放入鸡蛋液中搅匀，倒在沥干油的羊肉上，拌匀；煎锅倒植物油，把羊肉放到煎锅上，周围起泡的时候翻面。

④ 羊肉煎好后装盘，用红辣椒末点缀即成。

·营养贴士· 本菜营养丰富，对于治疗肺结核、气管炎、哮喘等虚寒病症有很大的裨益。

冬瓜烩羊肉丸

主料 羊肉 300 克，冬瓜 200 克

配料 鸡蛋清 30 克，香菜 10 克，清汤 500 克，葱末 10 克，姜末 5 克，胡椒粉、鸡精各 2 克，精盐 3 克，香油适量

·操作步骤·

① 羊肉剁成肉末，加鸡蛋清、葱末、姜末、胡椒粉、精盐、鸡精搅拌均匀；香菜洗净，切段。

② 冬瓜去皮、瓤，洗净，切块。

③ 锅内加清汤、冬瓜烧开，将拌好的羊肉馅挤成丸子，入锅煮熟，放精盐、鸡精调味，出锅装碗，加入香油、香菜段即可食用。

·营养贴士· 冬瓜含维生素 C 较多，且钾盐含量高，钠盐含量较低，高血压、肾脏病、水肿病等患者食之，达到消肿而不伤正气的作用。

·操作要领· 挤丸子时，左手抹一点植物油，抓一把肉馅，手心慢慢合拢握成拳型，把原料从食指端的拳眼挤出来，看准大小，用大拇指掐断，用右手接住即可。

火爆羊肚

主 料 羊肚 300 克

配 料 酸白菜、芫荽各 50 克，葱末、精盐、生抽、白糖、花椒、蒜末各适量

·操作步骤·

① 羊肚洗净切丝；芫荽去叶存茎，切段，过沸水，捞起备用。

② 油锅烧热，放入花椒爆香，捞起；下芫荽段、酸白菜，1 分钟后放入羊肚，快速均匀翻炒；九成熟时加入精盐、葱末、蒜末、生抽、白糖调味，翻炒至熟后即可出锅。

·营养贴士· 芫荽可促进精子活力，提高生育能力；芫荽和羊肉一起食用可激发性欲，提高性能力。

茄汁黄豆羊尾

主 料 黄豆 200 克，羊尾适量

配 料 花生油、番茄酱、料酒各 10 克，白糖 5 克，盐、味精各 2 克，葱花适量

·操作步骤·

① 黄豆拣去杂质，洗净，用温水泡软，捞出控水；羊尾切成 5 厘米的小段，入沸水中加料酒氽一下去膻味，打掉血沫。

② 花生油倒入炒锅内烧热，下黄豆、羊尾、番茄酱、盐、料酒和白糖，加适量水用大火煮滚后，改用小火烧 60 分钟，加味精，至汤汁收干撒葱花即可。

·营养贴士· 羊尾富含胶质、风味十足，长时炖煮即可尽释美味。

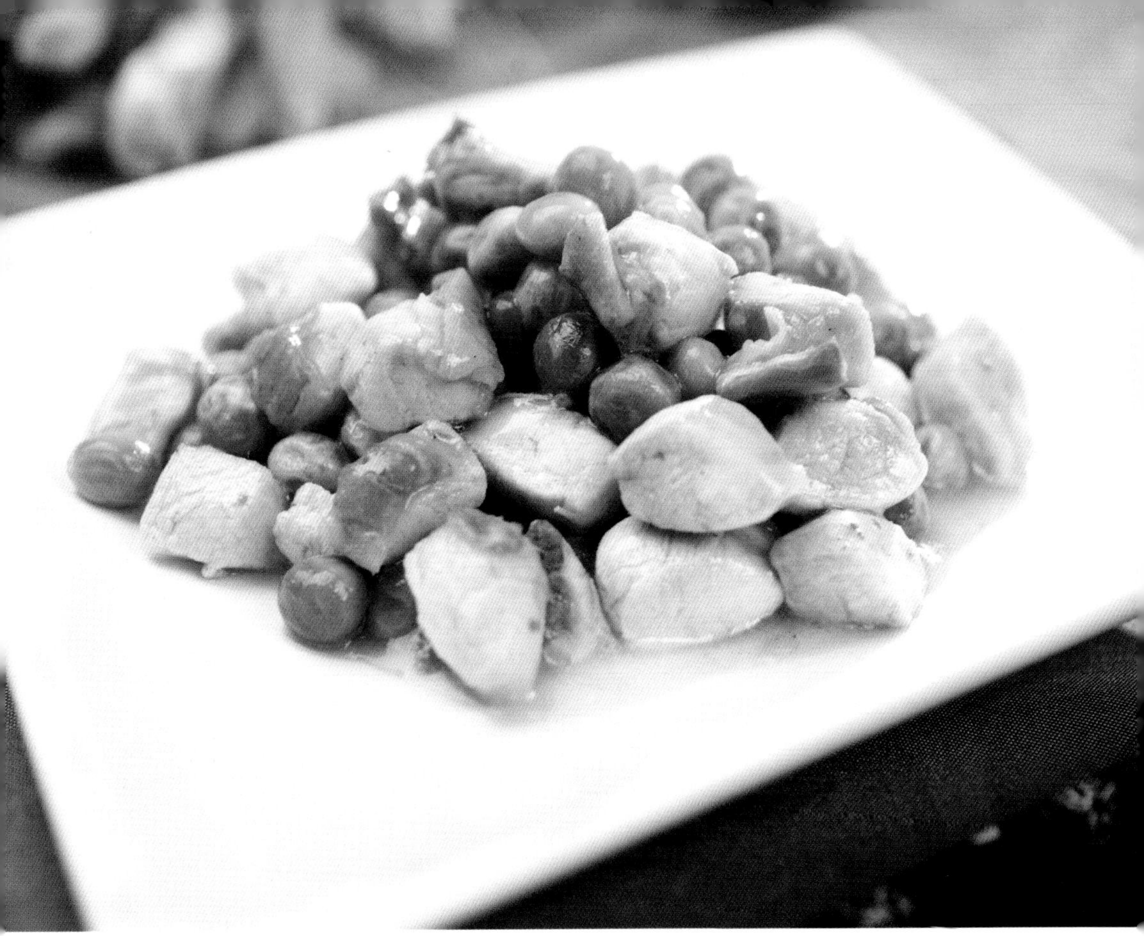

青豆烧兔肉

主 料 兔肉 350 克，青豆 1 小盘

配 料 水淀粉、食盐、味精各适量

操作步骤

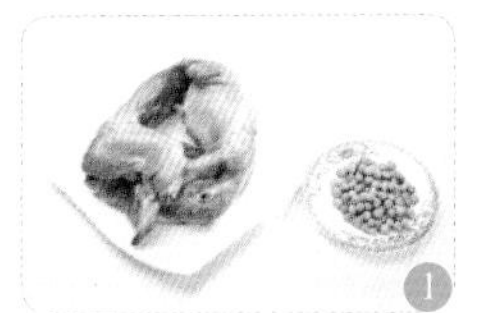

准备所需主材料。

将兔肉切成小块；青豆洗净浸泡 30 分钟。

将兔肉放入沸水中焯制一下。

锅内放入食用油，油热后放入兔肉和青豆翻炒，至熟后用水淀粉勾芡，放入食盐、味精调味即可。

营养贴士：兔肉属于高蛋白质、低脂肪、低胆固醇的肉类，有“荤中之素”的美誉。

操作要领：兔肉较为软嫩，焯制时间不宜过长，焯至变色即可。

莴苣焖兔肉

主料 兔肉 800 克，莴苣 300 克

配料 泡椒、泡菜、嫩肉粉、蒜、姜末、花椒、料酒、生抽、精盐、味精各适量

·操作步骤·

① 兔肉洗净切块，用嫩肉粉、料酒腌渍；10 分钟后用开水焯过，捞出沥水。

② 莴笋切块；泡菜切丝；泡椒切段。

③ 热油锅先后加入花椒、泡菜、泡椒、姜末、蒜、生抽；炒香后放入兔肉和莴笋翻炒 5 分钟；加水，放精盐，上盖，焖煮；起锅时放味精即可。

·营养贴士· 莴笋含丰富的铁，而兔肉是最好的美容肉，含有丰富的蛋白质，因此这道菜是美容瘦身佳肴。

山药炸兔肉

主料 兔肉 250 克，山药（干）40 克

配料 鸡蛋清 60 克，葱段 10 克，姜片 5 克，料酒 8 克，酱油 5 克，盐、味精各 2 克，白糖 6 克，猪油（炼制）400 克（实耗 20 克），淀粉（豌豆）10 克

·操作步骤·

① 山药切片研成细末；兔肉洗净，片去筋膜，切成约 2 厘米见方的块，加入料酒、味精、酱油、白糖、姜片、葱段、盐拌匀，腌 20 分钟。

② 鸡蛋清中加入山药粉和湿淀粉搅匀，调成蛋清糊，倒入兔肉内拌匀。

③ 净锅置于火上烧热，放入猪油，烧至八成热时，逐块放入兔肉，略炸一下捞出，再复炸一遍即成。

·营养贴士· 此菜具有补益脾胃、滋补肺肾的作用。

干锅玉兔

主 料 光兔1只（净重750克）

配 料 洋葱50克，红椒圈、姜块各20克，郫县豆瓣酱、炸蒜瓣、香葱段各10克，精盐、鸡精各3克，料酒16克，红油15克，高汤1000克

·操作步骤·

① 光兔去除内脏，剁成核桃般大小的块，洗净后放入沸水中，加10克料酒，大火汆2分钟，捞出控水。

② 锅入红油，烧至七成热，放入姜块、郫县豆瓣酱，小火煸香，烹料酒6克出香，放入兔肉，小火翻炒2～3分钟；加高汤大火烧开，改小火烧3分钟，用精盐、鸡精调味，取出，再放入高压锅内大火烧开，改小火压8分钟，再大火收汁，出锅备用。

③ 洋葱切丝，放入干锅内打底，放入兔肉、红椒圈、炸蒜瓣、香葱段即可。

·营养贴士· 常食本菜能够防止有害物质沉积，让儿童健康成长、老人延年益寿。

·操作要领· 兔肉汆烫时间不要过长，大火汆2分钟即可。

泡椒兔腿

主料 兔腿500克

配料 泡红椒30克，料酒50克，老抽20克，剁椒15克，蒜末、姜末各10克，花椒粉5克，食盐3克，青杭椒、红杭椒各适量，植物油、白糖、鸡精各少许

·操作步骤·

① 兔腿洗净，切小块，用一半料酒、少许食盐、花椒粉、姜末腌渍30分钟备用；青杭椒、红杭椒分别切段。

② 炒锅倒油烧至五成热，下蒜末、泡红椒、剁椒、青杭椒段、红杭椒段炒出香味，放入剩余料酒、白糖、老抽、适量食盐调味，再加入清水烧开。

③ 腌好的兔腿块下入锅中，待兔腿煮熟，加入鸡精起锅，倒入大碗中，自然晾凉至入味即可食用。

·营养贴士· 本菜有增强体质、健美肌肉、保护皮肤细胞活性、维护皮肤弹性的作用。

·操作要领· 炒泡红椒时要大火使劲翻炒，这样才能炒出泡椒的香味。

禽蛋类
Chapter 3

啤酒鸡

主料 鸡1只

配料 啤酒3罐，食盐5克，白糖2克，胡椒粉、沙姜片、葱段、蒜片各适量

·操作步骤·

① 将鸡冲洗干净，沥干。

② 锅中放入鸡，加入所有调料和啤酒。

③ 锅置火上，大火烧开后，调小火，炖15至20分钟即可。

·营养贴士· 鸡肉在炖制过程中融入了啤酒的味道，让整道菜更加入味，可大补虚劳、养胃生津、清热健脾。

台湾三杯鸡

主料 三黄鸡1只

配料 加饭酒1杯，姜末、姜片、蒜瓣、酱油、胡椒粉、盐、植物油各适量

·操作步骤·

① 将鸡洗净切大块，放入姜末、盐、一点加饭酒、胡椒粉、一半的蒜瓣，拌匀稍腌20分钟左右。

② 锅倒植物油烧热，倒入腌好的鸡块、蒜瓣、姜片，炸至金黄，滤掉多余的油。

③ 将所有炸过的鸡块、蒜头、姜片都倒入煲锅中，倒入剩余的加饭酒、蒜瓣和酱油拌匀，大火烧开后，开小火焖烧10分钟，再改大火开盖收汁即可。

·营养贴士· 鸡肉蛋白质含量较高，且易被人体吸收利用。

德州扒鸡

主料 鸡1只（1000克左右）

配料 口蘑5克，生姜5克，酱油15克，精盐10克，五香药料5克（丁香、砂仁、草果、白芷、大茴香组成），饴糖、花生油各适量

·操作步骤·

① 活鸡宰杀褪毛，取出内脏，用清水洗净，将鸡的左翅自脖下刀口插入，使翅尖由嘴内侧伸出，别在鸡背上，同样的方法将鸡的右翅也别在鸡背上，再把腿骨用刀背轻轻砸断并交叉起，将两爪塞入鸡腹内，晾干水分。

② 饴糖加清水调匀抹在鸡身上；炒锅烧热加花生油至八成热，将鸡入油炸至金黄色捞出，沥干油。

③ 锅内加清水（以淹没鸡为宜），把炸好的鸡放入锅，加五香药料（用布包扎好）、生姜、精盐、口蘑、酱油，旺火烧沸，撇去浮沫，移微火上焖煮30分钟，至鸡酥烂时捞出。

·营养贴士· 德州扒鸡具有开胃、补肾、助消化的作用。

·操作要领· 最后捞鸡时注意保持鸡皮不破，整鸡不碎。

香飘怪味鸡

主 料 公鸡（或大笋鸡）肉 500 克

配 料 酱油、花椒粉、葱白、白糖、盐、辣椒、味精、醋、麻酱、香油、熟白芝麻各适量

·操作步骤·

① 葱白洗净，切丝排于碟边；白芝麻炒香备用。

② 鸡肉洗净，放入滚水中，加少许盐以慢火浸约 12 分钟至鸡熟，切块放在碟中。

③ 将所有调料混合成怪味汁，淋在鸡肉上，撒上熟白芝麻即可。

·营养贴士· 本菜富含维生素 B_{12}、维生素 B_6、维生素 A、维生素 D、维生素 K 等，具有很好的营养保健价值。

剁椒蒸土鸡

主 料 土鸡半只

配 料 剁椒、豆豉、料酒、蚝油、葱花、精盐各适量

·操作步骤·

① 将土鸡洗净斩块，用少许精盐、料酒、蚝油腌 10 分钟。

② 将鸡块放入碗中，浇上剁椒、豆豉。

③ 将装有鸡块的碗置蒸锅上，蒸 1 小时，撒上葱花出锅即可。

·营养贴士· 相比我们饲养的肉鸡，土鸡的肉更加结实，肉质结构和营养比例更加合理，土鸡肉中含有丰富的蛋白质，微量元素和各种营养素，脂肪的含量比较低，对于人体的保健具有重要的作用。

醉三黄鸡

主 料 三黄鸡 1 只

配 料 糟卤汁 30 克，花雕酒 100 克，白酒 20 克，香葱、老姜、八角、丁香、香叶、盐、冰糖各适量

·操作步骤·

① 三黄鸡洗净，去除头、内脏和杂毛；香葱打结，留小部分切花，老姜切片备用。

② 大火烧开煮锅中的水，把鸡放入开水中反复氽烫 3 次，然后把三黄鸡放入锅中，关火加盖焖 30 分钟，取出用冷水过凉，沥干水分；取一个煮锅，放入凉水、香叶、八角、丁香、香葱结、老姜片、盐、冰糖搅拌均匀，大火烧开，然后关火晾至凉透。

③ 在煮锅中加入糟卤汁、花雕酒、白酒调成醉鸡卤汁备用。煮好的三黄鸡放凉后斩成长 5 厘米、宽 3 厘米的块。把斩好的三黄鸡块放入一个有盖的深容器，倒入醉鸡卤汁，让卤汁没过所有鸡块，加盖密封放置 24 小时，取出装盘，撒上葱花、葱丝即可上桌。

·营养贴士· 本菜具有增强体力、强壮身体的作用。

·操作要领· 鸡洗净后，用刀划断关节周围鸡皮，避免煮时鸡皮紧缩爆裂，影响美观。

黔味烤鸡

主料 仔鸡1只

配料 糖汁200克，五香卤汁500克，葱花、辣椒面各少许

·操作步骤·

① 仔鸡宰杀，取出内脏，洗净，入沸水焯，撇去血水，再放入五香卤汁，用旺火烧沸，转小火煮熟，捞出沥干。

② 将鸡挂好后，用沸水浇淋全身，使鸡皮缩紧，刷糖汁，晾干，使烤后皮酥脆且色鲜艳。

③ 用木塞将鸡肛门塞住，从右腋刀口处灌入沸水至鸡胸部，扎紧，在鸡皮上刷一层辣椒面。

④ 将鸡挂入已生好大火的炉内烤，烤约30分钟时取出，冷却后装盘，撒上葱花即可。

·营养贴士· 仔鸡较一般的老鸡含有更丰富的蛋白质。

杏仁焖鸡

主料 母鸡1只，栗子仁200克，杏仁100克

配料 红枣50克，核桃仁20克，料酒、酱油、食盐、白糖、猪油、香油、姜丝各适量

·操作步骤·

① 将核桃仁放入油锅中炸至金黄色，捞在盘中摊开；将栗子切成两半待用；鸡肉切块。

② 炒锅加入猪油，油温时投进鸡块，煸至皮呈黄色，加入料酒、姜丝、白糖、酱油，烧至黄色，放入红枣、核桃仁；烧沸后移至文火焖烧1小时。

③ 加食盐调味，倒入栗子、杏仁，再焖15分钟，出锅前放入香油略拌即成。

·营养贴士· 此菜是抗衰老、延年益寿的滋补佳品。

脆椒乌骨鸡

主 料 乌骨鸡500克，鲜小红辣椒200克

配 料 姜、大葱各50克，料酒15克，味精2克，香油5克，花椒、精盐各5克，泡椒、泡菜水各适量

·操作步骤·

① 姜洗净，用刀拍破；大葱洗净，挽成结；乌骨鸡洗净，用清水漂去血水，然后放入锅中，加入清水，加姜、葱结、泡椒、料酒，煮至刚熟时捞出。

② 鲜小红辣椒去蒂洗净，放入沸水中氽一下捞出，入冷开水中投凉，捞出切成小段，然后放入碗中，加泡菜水浸泡15分钟即成脆椒。

③ 花椒剁细和汁水一起放入盆中，加精盐、味精、泡菜水，然后放入乌骨鸡浸泡入味，捞出装盘，把脆椒盖在上面，淋上香油，上桌即成。

·营养贴士· 乌鸡含丰富的黑色素，蛋白质，B族维生素，氨基酸和微量元素，是营养价值极高的滋补品。

·操作要领· 乌骨鸡煮至刚熟即捞出备用，煮得太老影响最终的口感。

鲜橙鸡丁

主 料 鸡腿500克

配 料 香橙60克，柠檬汁30克，豌豆、山楂、香椿各5克，白糖、食盐各10克，淀粉20克，姜末15克，植物油60克，胡椒粉、香油各少许

·操作步骤·

① 把鸡腿去骨、去皮后切丁，用食盐、淀粉、胡椒粉腌渍15分钟；香橙榨汁，加柠檬汁、白糖兑成甜酸汁备用；豌豆洗净，焯熟；香椿洗净，焯熟；山楂洗净。

② 锅中加植物油烧热，滑入鸡肉，待鸡肉变色后捞出控油。

③ 锅中留底油，将姜末炒香，倒入甜酸汁，烧开后放入鸡丁。

④ 收干汤汁后加几滴香油即可起锅，然后以豌豆、山楂、香椿、橙皮点缀。

·营养贴士· 本菜具有温中益气、补虚填精、健脾胃、强筋骨的功效。

珍珠酥皮鸡

主 料 鸡脯肉200克

配 料 面包糠30克，鸡蛋1个，葱白5克，料酒、酱油各5克，胡椒粉1克，蒜蓉10克，干细豆粉50克，精盐少许，植物油70克

·操作步骤·

① 鸡蛋与干细豆粉调成全蛋糊；鸡脯肉切成厚度为0.5厘米的鸡块，用精盐、酱油、料酒、胡椒粉、蒜蓉拌匀，腌10分钟。

② 将鸡块裹上一层全蛋糊，撒上一层面包糠；葱白切丝备用。

③ 锅倒植物油，中火烧至五成热，下鸡块炸至皮面金黄酥香，捞出装盘，放上葱丝点缀即成。

·营养贴士· 本菜具有增强体力、强壮身体的作用。

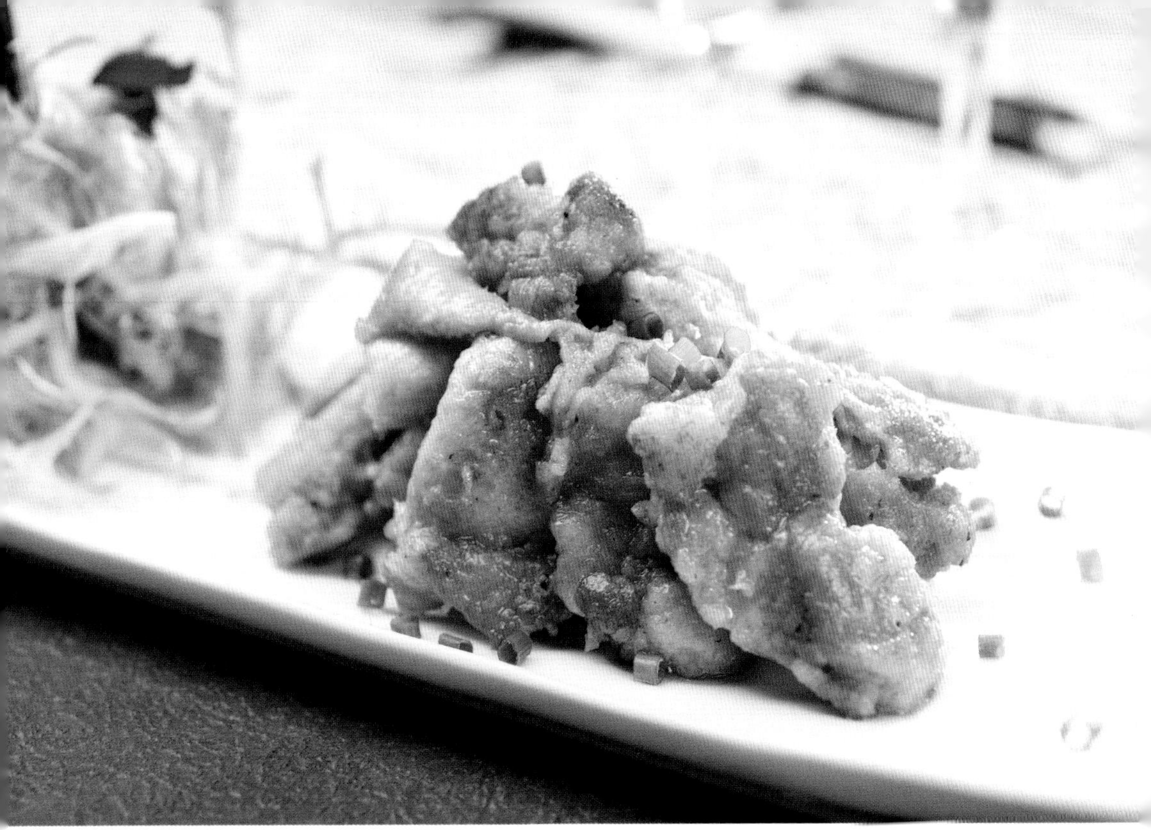

虾酱子鸡

主 料 鸡全腿 1 个

配 料 鸡蛋 1 个，虾酱 1 小碟，葱花、淀粉、食用油各适量

操作步骤

准备所需主材料。

将鸡腿切成适口小块后装在盘子里。

将淀粉、虾酱和鸡蛋液放入盘子中，与鸡肉拌匀。

锅内放入食用油，将鸡肉放入油锅煎炸至熟即可，装盘后可撒上一些葱花作为装饰。

营养贴士：本菜对营养不良、畏寒怕冷、乏力疲劳、月经不调、贫血、虚弱的人，有很好的食疗作用。

操作要领：煎炸鸡块时要控制好火候。可以将鸡块炸至金黄色约九成熟时，离火，再将鸡浸 4 ~ 5 分钟至全熟。

黑椒鸡脯

主 料 鸡胸肉 300 克

配 料 蒜末 5 克，奶油 20 克，盐、黑胡椒粉各 3 克，辣酱油、白酒各 10 克，植物油适量

·操作步骤·

① 先将鸡胸肉洗净，用刀背交叉拍松，再用盐、黑胡椒粉、辣酱油、白酒腌 35 分钟左右。

② 锅加热，放入奶油，烧至熔化，再放入鸡胸肉，以中火煎至熟且两面都呈现出金黄色捞出。

③ 锅倒植物油烧热，放入蒜末炒香，加入鸡脯翻炒片刻，撒上黑胡椒粉出锅即可。

·营养贴士· 本菜营养丰富，能滋补养身。

·操作要领· 鸡胸肉在腌之前，用刀背交叉拍松，以便更好入味。

香槟水滑鸡片

主 料 鸡胸肉 200 克

配 料 西红柿 1 个，油菜 1 棵，香槟、食盐、鸡精、水淀粉、葱末、姜末、油、蛋清各适量

·操作步骤·

① 将鸡胸肉切片，用蛋清、鸡精、香槟、水淀粉上浆，入水滑熟，捞出沥水；油菜纵向分为 4 份，焯熟后垫在盘子底部；西红柿用开水烫过，去皮切片。

② 将食盐、鸡精、香槟、水淀粉、葱末、姜末、适量清水放入碗中，调成汁备用。

③ 坐锅点火放入油，烧至四成热时，倒入调好的汁，放入鸡肉片、西红柿，大火快速翻炒之后盛出放在油菜心上即可。

·营养贴士· 鸡胸肉中含有微量元素硒，对人体很有益处。

·操作要领· 鸡肉上浆后，会使鸡肉变得更加滑嫩。

焦炸鸡腿

主 料 鸡琵琶腿 2 个

配 料 鸡蛋 3 个，干面粉、面包屑各 100 克，植物油 1000 克（实用 100 克），料酒 50 克，食盐 10 克，白糖 20 克，大葱、姜、花椒各 15 克，鸡精 3 克，香油 30 克，番茄、香菜各少许，花椒粉适量

·操作步骤·

① 将葱、姜分别拍破；香菜择洗干净；番茄洗净切成瓣；鸡蛋磕入碗中打散。

② 将鸡腿用牙签扎一些眼，用食盐、料酒、葱、姜、花椒、白糖、鸡精拌匀后腌约 2 小时，上笼蒸烂后取出；将鸡腿逐个裹上干面粉，然后在鸡蛋液中滚一下，再裹上面包屑。

③ 油锅中放入植物油烧热，把鸡腿逐个下入油锅，炸至焦脆呈金黄色捞出；将锅内油倒掉，另放香油和花椒粉烧热，淋在鸡腿上，点缀香菜、番茄瓣即可。

·营养贴士· 本菜富含磷脂类，可以促进人体生长发育。

·操作要领· 鸡腿用调料腌一下，不仅能去除腥味，还能保证鸡肉充分入味。

鸡丝芦笋汤

主 料 鸡胸肉150克，芦笋80克

配 料 金针菇50克，嫩豆苗30克，淀粉30克，料酒15克，食盐5克，鸡精少许

·操作步骤·

① 鸡胸肉切成丝状，用少许食盐、料酒、淀粉拌匀，腌20分钟。

② 芦笋洗净，去老皮，切成长段；金针菇去根洗净，沥干；豆苗摘取嫩心，洗净。

③ 鸡胸肉用开水烫熟，见肉丝散开捞起沥干。

④ 鸡胸肉丝、芦笋、金针菇放入砂锅内，加入清水同煮，待沸腾后加入食盐、鸡精、豆苗，汤再次沸腾即可起锅。

·营养贴士· 本汤中肉质细嫩的鸡胸肉吸收了芦笋的甘甜滋味，使其具有醒脑、健肠胃的功效。

·操作要领· 食用前，淋加鸡油，味道更鲜。

剁椒黑木耳蒸鸡翅

主料 鸡翅400克，黑木耳200克

配料 剁椒、蒜、姜、葱、糖、生抽、植物油、香油、盐各适量

·操作步骤·

① 姜和蒜分别切碎备用；葱切末备用；木耳提前泡发。

② 锅里下植物油，放姜碎、蒜碎爆香，然后加入剁椒、糖、生抽、盐制作成调味料。

③ 将炒好的调料浇在鸡翅上进行腌渍。

④ 将腌过的鸡翅均匀码在黑木耳上面，把所有的酱汁都淋在表面，放到蒸锅中蒸25分钟，最后撒上葱末，淋香油即成。

·营养贴士· 本菜具有温中益气、补精填髓、强腰健胃等功效。

·操作要领· 最后放入鸡翅焖煮的时候一定要用小火，以保证肉质鲜嫩。

辣子鸡翅

主料 鸡翅500克

配料 干辣椒100克，姜、葱、花椒、蜂蜜、生抽、精盐、白糖、植物油各适量

·操作步骤·

① 干辣椒去籽切小段；姜切片；葱一半切段，一半切葱花。

② 鸡翅拆成翅尖、翅中、翅根三段，将鸡翅放到装有葱花、蜂蜜、生抽、姜片的碗里腌渍30分钟。

③ 锅内热油，放入姜片、葱段、白糖，颜色变深后放入鸡翅。

④ 鸡翅上色后放入干辣椒段、花椒，加入1碗水，水干后出现油煎的声音时，再煎2分钟，加精盐调味即可。

·营养贴士· 鸡翅含有大量可强健血管及皮肤的胶原蛋白及弹性蛋白等，对血管、皮肤及内脏都有很好的保护作用。

·操作要领· 最后水干后，煎鸡翅的时间宜短不宜长，否则鸡肉就会失去水分而变得干巴巴的。

双鲜烩

主料 鸡翅500克，丝瓜1根，香菇200克

配料 黄芪、茯苓、蒜、姜、盐、味精、酱油、植物油各适量

·操作步骤·

① 丝瓜去皮切片，香菇、姜、蒜分别切片，将鸡翅洗净切块，放进煲内，加入黄芪、茯苓、姜片煮20分钟后，取出备用。

② 锅倒油烧热，先炒香蒜片；再放入丝瓜片拌炒一下后，加水盖上锅盖略微焖烧；再加入香菇、鸡翅，放入酱油、盐、味精、焖煮至熟即可。

·营养贴士· 在菜中加入黄芪后不仅增加了营养，而且让菜品的味道变得古朴清香，更加利于开胃。

麻辣鸡胗

主料 鸡胗300克

配料 芹菜、蘑菇各80克，杭椒、花椒、植物油、生抽、辣椒面、食盐各适量

·操作步骤·

① 锅中加清水，加花椒、食盐，大火煮熟鸡胗，然后小火炖1小时，捞出晾凉，切块；杭椒切小段；蘑菇洗净。

② 用炒锅烧热植物油到五成热，放入辣椒面和花椒用小火熬制成麻辣油，晾凉备用。

③ 芹菜洗净切段，把芹菜和蘑菇放到热水中焯熟，然后放在切好的鸡胗上再放入杭椒段。

④ 将生抽、食盐和熬好的麻辣油浇在鸡胗、杭椒段、芹菜、蘑菇上，拌匀即成。

·营养贴士· 鸡胗具有消食导滞、帮助消化的功效。

芥蓝烩鸡丝

主料 鸡脯肉200克，芥蓝150克

配料 清汤400克，淀粉30克，料酒20克，食盐3克，葱末、姜末、蒜末、植物油各适量，鸡精、胡椒粉、生粉各少许

·操作步骤·

① 芥蓝用刀从根部剥皮，洗净，劈开，切成长约5厘米的条。

② 鸡脯肉顺丝切成细长的条，装入碗中，加淀粉、料酒、少许食盐、少量水制成糊，涂抹在鸡丝上。

③ 锅中放多些植物油，下入鸡丝滑炒至断生即可，盛出控油。

④ 锅中留少许底油，加入葱末、姜末、蒜末爆锅，加入芥蓝、鸡丝、清汤，加盖焖煮10分钟，调入食盐、鸡精、胡椒粉，以生粉勾芡，待芡汁收厚，即可出锅。

·营养贴士· 芥蓝中含有有机碱，这使它带有一定的苦味，能刺激人的味觉神经，增进食欲，还可加快胃肠蠕动，有助消化。

·操作要领· 鸡丝滑油只要断生就可以，滑油后的鸡丝要求色白不弯曲。

鱼香鸡肝

主 料 鸡肝500克

配 料 郫县豆瓣酱、蒜、白糖、醋、酱油、姜、植物油各适量

·操作步骤·

① 鸡肝洗净切片；蒜、姜切末。

② 取一容器，放入酱油、醋、白糖调匀成鱼香汁。

③ 锅烧热后倒入植物油，先放入姜末、蒜末炒香，再倒入豆瓣酱，炒出香味后，倒入鸡肝片炒匀。

④ 倒入事先调好的鱼香汁，大火煮至收汁即可。

·营养贴士· 鸡肝中含有丰富的维生素A，还含有铁、锌、硒等多种微量元素，既养眼护脑，又能增强体质。

熏凤爪

主 料 鸡爪500克

配 料 食盐5克，白糖25克，鸡精4克，葱段、姜片、大料、桂皮、砂仁、花椒、丁香各适量

·操作步骤·

① 将鸡爪洗净，去掉黄皮，剁去爪尖，洗净用沸水烫透备用。

② 汤锅置火上，加清水，下食盐、鸡精、大料、花椒、桂皮、砂仁、丁香、葱段、姜片，旺火烧开，下鸡爪，小火慢煮25分钟，离火浸泡15分钟后捞出。

③ 熏锅置火上，加入白糖，将煮好的鸡爪放在熏锅架上，盖上锅盖，熏至鸡爪表皮呈金黄色即可装盘。

·营养贴士· 鸡爪含有丰富的钙质及胶原蛋白，多吃不但能软化血管，同时兼具美容功效。

盐水鸭

主 料 鸭1只

配 料 料酒30克，葱结10克，姜片5克，八角3克，花椒2克，清卤、五香粉、食盐各适量

·操作步骤·

① 将鸭的翅尖、脚爪斩去，清理出内脏和血管，放入清水中浸泡，去血水，洗净沥干；食盐、花椒、五香粉合在一起炒成椒盐。

② 用椒盐将鸭身里外都抹匀，将鸭放入容器内腌1个小时，腌好后取出鸭子，放入清卤中浸2个小时，浸好后，将鸭子取出挂在通风处吹干。

③ 鸭子放入净锅中，腿朝上，头朝下，加足清卤没过鸭子，放姜片、葱结、八角、料酒，盖严，大火烧开，撇清浮沫，改小火焖煮近40分钟（不可烧滚），沥干，冷却后斩件摆盘即可。

·营养贴士· 盐水鸭很适合身体虚弱疲乏的人，因为鸭肉可以起到补血的功效。

·操作要领· 清卤是这道菜的关键，下面为大家介绍一个清卤制作的方法，以清水2.5千克为标准，加姜两片，葱结一个，八角一粒，黄酒、醋少许和食盐、鸡精等先烧开，再用慢火熬成（此卤可重复使用）。

虫草炖鸭子

主 料 鸭1只，冬虫夏草10个

配 料 绍酒、姜片、精盐各适量

·操作步骤·

① 将鸭洗净放入滚开水中，高火炖8分钟，取出洗净（怕肥可撕去鸭皮）。

② 冬虫夏草用清水洗净，细的一端留用，把粗的插在鸭身和鸭腿上。

③ 将鸭、绍酒、姜片和留用的冬虫夏草放入砂锅内，加入4杯滚开水，中火炖40分钟。把煮好的虫草老鸭汤放精盐调味并盛出即可食用。

·营养贴士· 此菜功效为滋肾止喘、益肺养阳、补气血，常食能改善虚劳羸弱、阴虚火旺的体质，给身体适当的滋补。

芝麻鸭

主 料 净肥鸭1只

配 料 鸡蛋2个，面粉50克，食盐10克，葱段8克，姜丝5克，砂仁、豆蔻各3克，丁香1克，培根条、黑芝麻、料酒、植物油各适量

·操作步骤·

① 鸡蛋磕入碗中打散，加入面粉搅匀成鸡蛋糊。

② 净鸭用食盐、料酒搓匀内外，放入大盘中，在鸭上放葱段、姜丝、砂仁、豆蔻、丁香，入笼蒸40分钟至肉熟烂，取出，去调料，剔骨，切成大块，挂上鸡蛋糊。

③ 在鸭肉面放上黑芝麻、培根条，再裹一层鸡蛋糊，入六成热的油锅炸黄捞出，改刀成小块，装盘即成。

·营养贴士· 本菜能有效抵抗脚气病、神经炎和多种炎症，还能抗衰老。

秘制麻鸭

主 料 麻鸭 1 只（已处理）

配 料 红椒末 25 克，料酒、蚝油、红油各 5 克，食盐 10 克，辣酱、香油各 10 克，干椒 10 克，姜末 10 克，八角、桂皮、鸡精各 2 克，芝麻酱、酱油各 2 克，香叶 1 克，脆浆（用大红浙醋、饴糖、生粉调制）200 克，高汤 100 克，蒜蓉 15 克，植物油适量

·操作步骤·

① 麻鸭洗净，冷水下锅，中火烧开，去尽血污，小火煮约 50 分钟至八成熟捞出沥干水分，在鸭子表面均匀抹上一层脆浆。

② 锅内放植物油烧至八成热，放入鸭子，小火炸至表面金黄捞出待用。

③ 锅内留油 10 克，烧至六成热，卜入姜末、八角、蒜蓉、桂皮、香叶、整干椒、辣酱，中火煸香后加入高汤，将炸好的鸭子浸在汤汁中，依次加入食盐、鸡精、料酒、蚝油、酱油、芝麻酱，小火焖约 10 分钟，大火收汁。

④ 将鸭子捞出冷却，改刀成小块，摆入盘中，上蒸锅旺火蒸熟，浇上用蒜蓉、红椒末、辣酱、红油调制的油辣汁，淋香油即可。

·营养贴士· 麻鸭具有补虚劳、滋五脏之阴、清虚劳之热、养胃生津等功效。

·操作要领· 麻鸭先炸、后焖、再蒸，最后浇油辣汁，可使麻鸭具有多重口味，更加鲜香。

酥炸鸭肉球

主料 鲜鸭脯肉300克

配料 千岛酱50克，面包糠50克，蛋清50克，生粉30克，绍酒10克，食盐5克，鸡精3克，植物油适量，胡椒粉、香油各少许

·操作步骤·

① 鸭脯肉洗净，用刀剁成泥状，加食盐、鸡精、香油、胡椒粉、绍酒、一半蛋清、生粉，朝一个方向搅拌至起胶。

② 鸭脯肉做成大小均匀的鸭肉球，裹上一层生粉，再裹蛋清，粘上面包糠待用。

③ 锅中放植物油烧热，将做好的鸭肉球入锅浸炸，至呈金黄色时捞出，食用时配以千岛酱即可。

·营养贴士· 鸭肉含有丰富的钾元素，钾跟心脏节律有关，故多吃鸭肉对心脏也有好处。

三宝烩鸭脯

主料 鸭脯、火腿各200克，土豆、冬笋各100克

配料 色拉油、精盐、葱花、料酒、糖、高汤各适量

·操作步骤·

① 鸭脯洗净切丁；火腿、土豆切丁；冬笋切丁；锅中放入适量冷水，把切好的鸭丁放入锅中焯水，撇去浮沫，捞出鸭肉备用。

② 炒锅中放入适量色拉油，葱花入锅炒香，把鸭丁倒入锅中大火翻炒，加入适量料酒，翻炒均匀。

③ 加入适量糖，把火腿丁、土豆丁、冬笋丁放入锅中，与鸭肉一起翻炒一小会儿后加少量高汤，撒适量精盐，大火烧开后盖上锅盖转小火焖煮25分钟左右至鸭肉入味，“三宝”全熟即可。

·营养贴士· 鸭肉中所含的脂肪酸非常健康，且易于消化。

无为熏鸭

主 料 鸭1只（重约1500克）

配 料 圣女果1颗，黄瓜4片，荷兰芹叶少许，八角、酱油、醋、白糖、葱结、姜块、香料、食盐、芝麻油各适量

·操作步骤·

① 在鸭子右翅下划开一道7厘米长的直刀口，清理内脏，洗净，入缸浸泡90分钟，捞出；刀口处放入食盐，并用食盐擦透鸭身，放缸中腌4个小时，中间翻动一次。

② 将鸭子在沸水中烫至皮缩紧，取出挂在风口处，擦去皮衣；熏锅架放4根细铁棍，把鸭背朝下放置，熏5分钟后翻身再熏5分钟。

③ 锅中注水，入八角、酱油、醋、白糖、葱结、姜块、香料，水烧开后放入鸭子焖煮45分钟，捞出装盘，淋上芝麻油，用圣女果、黄瓜片、荷兰芹叶装饰即可。

·营养贴士· 本菜对心肌梗死等心脏疾病有预防作用。

·操作要领· 加了一道熏制的程序，使鸭子的色香味更胜。

麻辣鸭血

主料 鸭血300克，韭菜150克

配料 植物油40克，姜、蒜末、花椒、干辣椒、食盐、醋、辣椒油、花椒粉、酱油各适量

·操作步骤·

① 鸭血洗净，切成块；韭菜洗净，切段；姜去皮，洗净切丝；干辣椒洗净，切段。

② 将鸭血下入沸水锅中氽烫，熟透后捞出，沥干，放入碗中备用。

③ 锅中加植物油烧热，将花椒、姜丝、干辣椒段、蒜末、韭菜段、食盐倒入锅中爆香，盛出备用；将醋、辣椒油、酱油、花椒粉放入碗内调成麻辣味汁。

④ 食用时将备好的韭菜、麻辣味汁等倒入鸭血中拌匀，装入盘中即可。

·营养贴士· 鸭血味咸，性寒，富含铁、钙等各种矿物质，营养丰富，有补血解毒的功效。

凉拌鸭舌

主料 鸭舌300克

配料 黄瓜50克，泡红椒丝9克，精盐3克，味精2克，料酒、姜汁各10克

·操作步骤·

① 将鸭舌加姜汁、料酒煮熟；黄瓜洗净切斜片，码在盘上。

② 鸭舌去除舌膜、舌筋，加精盐、味精、料酒拌匀，稍腌，摆在黄瓜片上，放少许泡红椒丝即可。

·营养贴士· 鸭舌含有对人体生长发育有重要作用的磷脂类；而姜汁的挥发油能增强胃液的分泌和肠壁的蠕动，能增强食欲，帮助消化。

焦炸乳鸽

主料 乳鸽1只

配料 鸡蛋2个，葱花、蒜蓉、海鲜汁、酱油、植物油各适量

操作步骤

准备所需材料。

将乳鸽切成适口小块。

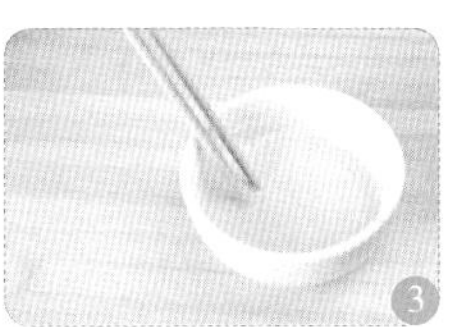

将鸡蛋打散在碗内，用筷子搅拌均匀。

将乳鸽肉块裹满鸡蛋液，放入热油锅内炸至两面金黄，捞出控油。

锅内留少许底油，放入炸好的乳鸽肉块，放入海鲜汁、酱油、蒜蓉翻炒均匀，撒上葱花即可。

营养贴士：乳鸽富含粗蛋白质和少量无机盐等营养成分，是不可多得的食品佳肴。

操作要领：生炸乳鸽块时，油温应控制在四至五成热之间，通过长时间浸炸至鸽肉成熟，再提升油温炸至色黄皮脆。

清炖鸽子汤

主料 鸽子1只

配料 铁棍山药50克，红枣30克，鲜香菇2朵，木耳10克，料酒20克，姜片、葱段各15克，食盐3克，枸杞少许

·操作步骤·

① 鲜香菇洗净，切片；木耳泡发，撕小朵；铁棍山药去皮洗净，切片。

② 锅中烧开水，水中加料酒，放入鸽子，去血水、去沫，捞出待用。

③ 砂锅放水加热至沸腾，放入姜片、葱段、红枣、香菇、鸽子，转小火炖1个小时。

④ 放入枸杞、木耳、山药，再炖20分钟至主料熟透，加食盐调味即可。

·营养贴士· 本汤具有促进生长发育、改善缺铁性贫血、增强记忆力的功效。

黄芪蒸乳鸽

主料 乳鸽1只

配料 黄芪30克，黄酒30克，姜片15克，干香菇10克，食盐3克，枸杞少许

·操作步骤·

① 黄芪、枸杞放入砂锅中，加400克水煮15分钟，关火；香菇泡发，洗净后切小块。

② 鸽子洗净，切成小块，装入碗内，放入黄酒、食盐、姜片，拌匀。

③ 将煮好的汤汁浇到鸽肉中，蒸笼水开后，放入蒸25分钟，即可取出。

·营养贴士· 黄芪是补气养血的药材，与乳鸽搭配，具有补气升阳、益肾养肝的功效。

苦瓜煎蛋

主 料 苦瓜 250 克，鸡蛋 3 个

配 料 植物油、食盐、鸡精各适量

·操作步骤·

① 把苦瓜对半切开后去掉内芯，切成薄片；鸡蛋打散，放入食盐、鸡精调味。

② 锅中倒入适量植物油，油热后放入苦瓜片，翻炒至熟，盛出。

③ 另起锅放油，油热后倒入苦瓜，用锅铲将苦瓜平铺于锅底，倒入调好的鸡蛋液，待鸡蛋液稍凝固，翻面，煎好另一面即可出锅。

·营养贴士· 苦瓜清热解暑、消肿解毒，而夏天吃蛋有养心安神之功效，因此苦瓜和鸡蛋是夏季清心健脾的绝佳组合。

·操作要领· 煎蛋时火不要太小，最好用中小火，并煎至蛋饼表层为金黄色且变得松脆，这样更香更好吃。

剁椒银鱼蒸蛋

主料 鸡蛋 4 个，银鱼适量

配料 红椒1个，香菜、植物油、盐、胡椒粉、麻油、海鲜酱油、蚝油、鱼露、白糖各适量

·操作步骤·

① 银鱼用盐和胡椒粉腌上；鸡蛋打到碗里，搅匀，放入盐、植物油和腌好的银鱼，加适量温开水，继续用筷子搅匀，上锅蒸至蛋液凝固；红椒、香菜切碎。

② 小火热锅，下入植物油与麻油，爆香红椒碎、香菜碎，加入海鲜酱油、蚝油、鱼露、白糖，关火；将做好的剁椒汁淋在蛋羹上即可。

·营养贴士· 银鱼味甘，性平，善补脾胃，且可宜肺、利水，可治脾胃虚弱、肺虚咳嗽、虚劳诸疾。

鸭蛋瘦肉汤

主料 瘦肉 50 克，鸭蛋 2 个

配料 芹菜少许，姜、葱、食盐、鸡精、胡椒粉、香油、高汤各适量

·操作步骤·

① 将瘦肉洗净，切片；鸭蛋磕入碗中搅匀，冲成蛋羹；姜洗净后切片；芹菜切丁；葱切末。

② 锅中倒入高汤，开大火，放入瘦肉，肉熟后倒入鸭蛋羹，然后加食盐、姜片、鸡精、胡椒粉、香油、芹菜熬煮，开锅后撒葱末即成。

·营养贴士· 鸭蛋瘦肉汤清甜可口，经常饮用可以补虚损、强健身体，是经济的保健靓汤。

Chapter 4

水产类

粉蒸草鱼头

主 料 草鱼头 2 个，米粉 100 克

配 料 精盐、胡椒粉、味精各 3 克，葱片 10 克，葱花、姜末各 5 克，白糖 2 克，料酒 10 克，熟猪油 50 克

·操作步骤·

① 将草鱼头用精盐、葱片、姜末、料酒、白糖、味精、胡椒粉腌渍 15 分钟。

② 将腌好的鱼头和米粉搅拌均匀，然后码入餐具中，淋上熟猪油，再入笼蒸 15 分钟，取出撒上葱花即可。

·营养贴士· 草鱼不但含有丰富的不饱和脂肪酸，对血液循环有利，而且含有丰富的硒元素，经常食用有抗衰老、养颜的功效，而且对肿瘤也有一定的防治作用。

糖醋鱼条

主 料 草鱼肉适量

配 料 青豆 100 克，葱花、蒜蓉、精盐、胡椒粉、蛋清、白糖、醋、麻油、淀粉、植物油各适量

·操作步骤·

① 鱼肉切条，用精盐腌一会儿，放在蛋清、水、淀粉和成的糊里，裹一层面糊；青豆用水泡一小会儿。

② 锅置旺火上，放入足量植物油，将鱼条浸油炸至金黄捞起，待油再滚，将鱼翻炸，捞起上盘。

③ 锅里留余油少许，放葱花、蒜蓉、精盐、胡椒粉、白糖、醋、麻油，加青豆一起翻炒，用湿淀粉（淀粉加水调制）打芡，淋在鱼条上即成。

·营养贴士· 本菜具有开胃、滋补的功效。

酸汤鱼

主 料 草鱼1条

配 料 番茄1个，姜1块，榨菜、蘑菇、黄豆芽、青蒜、木姜子油、精盐、凯里红酸汤、胡椒粉、植物油各适量

·操作步骤·

① 黄豆芽洗净去根；蘑菇撕小朵，入沸水焯软；姜切小块；青蒜洗净切成段；番茄入沸水烫一下，去皮切块；草鱼洗净，清除内脏、鱼鳃、鳞，切成段。

② 锅中放植物油，烧至五成热，下姜块煸炒出香味，加入番茄块煸炒出红油，加入适量凯红里酸汤翻炒几下，倒入适量冷水。

③ 红汤中加入蘑菇、黄豆芽、榨菜、木姜子油，中火煮开，加精盐、胡椒粉调味，改小火，放入鱼头煮3~5分钟，再放入鱼段，煮15分钟左右至鱼熟透，撒上青蒜段即可。

·营养贴士· 酸汤经过微生物发酵过程，其中的健康菌落群对人体肠胃有良好的保健作用。

·操作要领· 食用时可蘸上佐料，做法：干辣椒放入无油锅内，用小火煸炒至干辣椒呈黑红色，捣碎成煳辣椒粉。

砂锅酸菜鱼

主 料 草鱼肉 500 克，酸菜 300 克

配 料 番茄4个，泡椒、姜、蒜、葱、浓白汤、精盐、鸡精、味精、红油、熟猪油、胡椒粉各适量

·操作步骤·

① 番茄洗净切成片；草鱼肉处理干净，切成大片，焯水；葱切花；姜、蒜分别切末；泡椒切段。

② 酸菜切碎，用熟猪油煸香，装入砂锅，加入浓白汤、番茄片、泡椒段煮沸，用精盐、鸡精、味精调味后铺上草鱼片，上面撒上蒜末、葱花、姜末，淋上加热的红油，撒上胡椒粉即可。

·营养贴士· 此菜不仅具有开胃提神、醒酒去腻的作用，还可以增进食欲、帮助消化。

宫保鱼丁

主 料 草鱼 1 条

配 料 炸花生米 30 克，鸡蛋液 50 克，干辣椒段 10 克，香菜段、精盐、味精、鸡粉、白糖、面包粉、淀粉、植物油各适量

·操作步骤·

① 将草鱼去鳞、去鳃、除内脏，洗净后去鱼骨，将鱼肉切成丁，放入碗中加鸡蛋液、淀粉拌匀，再拍上面包粉备用。

② 坐锅点火，加油烧热，下入鱼丁略炸，捞出沥油待用。

③ 锅中留底油烧热，下入干辣椒段炒香，再放鱼丁，加精盐、白糖、味精、鸡粉烧至入味，然后加炸花生米翻炒均匀，放上香菜段，即可装盘上桌。

·营养贴士· 本菜具有暖胃和中、平降肝阳、祛风、治痹、益肠明目的功效。

拆烩鲢鱼头

主 料 鲢鱼头1个

配 料 油菜心、春笋各50克，木耳3克，葱段、姜片、精盐、白糖、胡椒粉、料酒、白醋、味精、水淀粉、鸡汤、熟猪油各适量

·操作步骤·

① 鲢鱼头劈成两片，去鳃洗净；春笋洗净去皮，切片；油菜心洗净；木耳洗净去蒂，撕小朵。

② 锅内加清水，放入鱼头，置旺火上烧至鱼肉离骨时捞起，拆去鱼骨。

③ 锅内换清水，放入鱼头肉，加葱段、姜片、料酒，置旺火上烧沸，捞出备用。

④ 另起锅放熟猪油，至五成热时，放入葱段、姜片炸香后，拣去葱、姜，加入鸡汤、料酒、精盐、白糖，再放入笋片、鱼头肉和木耳，盖上盖，烧10分钟左右，然后放入油菜心，加味精，用水淀粉勾芡，淋入白醋、熟猪油，撒上胡椒粉即成。

·营养贴士· 鲢鱼的鱼肉蛋白质、氨基酸含量很丰富，对促进智力发育、降低胆固醇、降低血液黏稠度和预防心脑血管疾病具有明显的作用。

·操作要领· 本菜品中的油菜心也可用豌豆苗来代替。

砂锅鱼头

主 料 胖头鱼鱼头 1 个（1000 克左右）

配 料 红尖椒 1 个，麻油 5 克，菜油 25 克，蒜末、葱（白）花、葱（白）丝、姜末各 25 克，酱油 35 克，精盐 2.5 克，料酒 15 克，白糖 10 克，味精少许

·操作步骤·

① 鱼头洗净，用酱油腌渍入味；红尖椒切段。

② 取锅放菜油烧至八成热时，将鱼头下锅煎，两面均煎成金黄色时，放入料酒。

③ 将煎好的鱼头放入砂锅中，加 500 克冷水及酱油、白糖、精盐、葱花、蒜末、姜末、红尖椒段，用大火煮沸后转为小火煮至鱼头熟透，食前加入麻油、味精调味，放上葱丝即可。

·营养贴士· 鱼脑中所含的营养是最全面、最丰富的，并且含有一种人体所需的“脑黄金”，可以起到维持、提高、改善大脑机能的作用。

纸锅浓汤鱼

主 料 鲢鱼 1 条

配 料 高汤 1000 克，葱花、姜末、蒜白段各 20 克，四特酒、花生油各 20 克，红椒末 20 克，精盐 10 克

·操作步骤·

① 将鲢鱼宰杀洗净，去内脏，在鱼身上打上十字花刀切片。

② 锅内放入油，烧至七成热时，将鱼入锅中小火略煎，煎至鱼两面金黄出香时，放入高汤、葱花、姜末、精盐、四特酒、红椒末大火烧开，改小火，慢炖至鱼汤洁白浓厚时，下入蒜白段，起锅装入纸锅中即可。

·营养贴士· 本菜具有健脾补气、温中暖胃、散热的功效，尤其适合冬天食用。

雪菜
蒸黄花鱼

主 料 黄花鱼1条，猪肉100克，雪菜50克

配 料 料酒、花椒、食盐各适量

操作步骤

准备所需主材料。

用刀在黄花鱼身上整齐地切出口子来，用料酒、花椒腌渍一下，然后上锅蒸熟后备用。

把雪菜和猪肉剁碎。

锅内放入适量水，把雪菜和肉末放入水中，放入食盐煮熟。把煮好的汤汁连同雪菜和肉末一起浇在蒸好的黄花鱼身上即可。

营养贴士： 本菜具有健脾升胃、安神止痢、益气填精之功效。

操作要领： 腌渍黄花鱼以30分钟为宜。

五香黄花鱼

主料 黄花鱼 500 克

配料 生菜、红辣椒、五香粉、精盐、酱油、干川椒、葱末、姜末、大料、花椒、植物油、香叶各适量

·操作步骤·

① 黄花鱼去除内脏清洗干净，控水；生菜、红椒洗净分别切花状备用。

② 锅中油热时放入黄花鱼，炸至金黄酥脆。

③ 锅内放水、葱末、姜末、大料、花椒、香叶、干川椒、五香粉、精盐、酱油煮开，放入炸好的黄花鱼，中火煮至鱼内部入味后，将鱼捞出装盘。

④ 装盘时在鱼鳃里塞上生菜叶和红椒作为点缀。

·营养贴士· 黄花鱼含有丰富的蛋白质、矿物质和维生素，对人体有很好的补益作用。

豆瓣鲫鱼

主料 鲫鱼 1 条

配料 葱花 50 克，蒜汁 40 克，豆瓣酱 40 克，糖 10 克，酱油、醋各 10 克，红辣椒末 15 克，水淀粉 15 克，黄酒 25 克，精盐 2 克，高汤 300 克，植物油 300 克

·操作步骤·

① 将鱼处理干净，在鱼身两面各切两刀，抹上黄酒、精盐腌渍。

② 炒锅上旺火，下植物油烧至七成热，下鱼稍炸后捞起。

③ 锅内倒入植物油，放豆瓣酱将油炒至红色，放鱼和高汤，移至小火上，再加酱油、糖、红辣椒末、精盐、醋、蒜汁，将鱼烧熟，盛入盘中。

④ 将锅里的原汁烧沸，放入水淀粉勾芡，淋在鱼身上，撒葱花即可。

·营养贴士· 鲫鱼含有丰富的微量元素，尤其钙、磷、钾、镁含量较高。

双椒小黄鱼

主料 小黄鱼1条，黄柿子椒1个，红尖椒3个

配料 香菜、姜、蒜各少许，精盐、味精、生抽、淀粉、植物油各适量

·操作步骤·

① 将小黄鱼处理干净后，用精盐腌一会儿，裹上一层薄薄的淀粉；黄柿子椒、红尖椒洗净切小片；香菜去叶，洗净，切小段；姜、蒜切片。

② 锅中倒植物油烧热，放入小黄鱼炸至两面金黄时捞起，锅内留底油，放姜片、蒜片入锅内爆香，加入黄柿子椒片、红尖椒片翻炒，最后加入生抽、精盐、味精翻炒，至入味后盛出淋在小黄鱼身上，再撒上香菜段即可。

·营养贴士· 小黄鱼含丰富的微量元素硒，能清除人体代谢产生的自由基，对各种癌症有防治功效。

·操作要领· 给小黄鱼裹淀粉时要用手压紧些，否则炸时会掉。

泡椒焖鲶鱼

主 料 鲶鱼 1 条

配 料 红泡椒 70 克，姜丝 15 克，蒜 20 克，泡椒水 120 克，香菜叶、葱花、色拉油、花雕酒、盐各适量

·操作步骤·

① 将鱼洗净，削头去尾，鱼身划上花刀，不要切断。

② 锅中入油，放入葱花、姜丝爆香，接着放入鱼头、鱼尾、鱼身略微煎。

③ 鱼身煎好后取出，留鱼头、鱼尾在锅中，放入红泡椒、蒜、泡椒水翻炒片刻，加入清水，将鱼头、鱼尾煮 10 分钟，再放入鱼身，倒入花雕酒，加点盐，大火煮开后转小火焖 15 分钟。

④ 起锅时，上面放一些香菜叶点缀。

·营养贴士· 鲶鱼营养丰富，并含有多种矿物质和微量元素，特别适合体弱虚损、营养不良之人食用。

豆豉鱼

主 料 青鱼 1 条

配 料 植物油、五香干豆豉、花椒、豆瓣酱、姜粒、蒜粒、精盐、鸡精、味精、料酒、红苕粉、花椒各适量

·操作步骤·

① 将青鱼去鳞、剔鳃、掏内脏，洗净横切刀花，抹上花椒、豆瓣酱、姜粒、蒜粒、精盐、鸡精、味精、料酒及红苕粉，放置 30 分钟入味。

② 旺火热锅，待油沸时放入青鱼，大火炸至表面焦黄、鱼骨酥脆即可盛出备用。

③ 把豆豉先放入碗中，调入蒜粒、姜粒、味精、鸡精、精盐、花椒一起搅匀，淋在炸好的青鱼表面，盖上盖子放入高压锅中，中火蒸 2 个小时即可。

·营养贴士· 本菜有抗衰老、抗癌的作用。

凉粉鲫鱼

主 料 活鲫鱼 1 条（约 750 克），白凉粉 250 克

配 料 料酒、红油各 15 克，蒜泥 6 克，葱花 5 克，精盐 5 克，花椒油 5 克，豆豉、芽菜末各 10 克，猪网油适量

·操作步骤·

① 活鲫鱼处理干净，在鱼身两侧各划几刀，抹上料酒、精盐，用猪网油包好，放入蒸碗，上笼蒸约 15 分钟至熟；凉粉切成约 1.3 厘米见方的小块，入清水锅煮开，捞起滤干，加上由红油、豆豉、蒜泥、芽菜末、葱花、花椒油等配合好的调料和匀。

② 将蒸好的鱼取出，去掉猪网油，装入盘中，倒上和好的凉粉即成。

·营养贴士· 本菜对肌肤的弹力纤维构成具有良好的强化作用，尤其对压力、睡眠不足等精神因素导致的早期皱纹，有奇特的缓解功效。

·操作要领· 豆豉和鱼都是咸的，所以要少放盐或不放盐。

五柳青鱼

主料 青鱼500克

配料 胡萝卜、柿子椒各50克，干红辣椒100克，葱10克，姜5克，味精5克，醋、料酒各8克，酱油15克，白砂糖、精盐各10克，湿淀粉（玉米）4克，花生油40克

·操作步骤·

① 青鱼刮鳞，开膛，除去内脏，去净鳃，用刀在鱼身两侧剞一字形花刀（深至鱼骨），放入开水锅中煮熟，捞出，控净水分，剥净皮，切块放在盘中；胡萝卜、柿子椒洗净，切成3厘米长的细丝；葱、姜、干红辣椒洗净切丝；用白砂糖、醋、味精、料酒、酱油、精盐和湿淀粉调汁待用。

② 锅中放花生油烧热，把切好的五种丝一同下锅稍炒，烹入调好的汁炒熟，浇在鱼上即可。

·营养贴士· 青鱼含有丰富的核酸，可以延缓衰老，营养易被人体吸收，可用于食疗。

白汁番茄鳜鱼

主料 活鳜鱼1条（约400克），新鲜番茄2个

配料 葱白、姜片共10克，白汤200克，料酒15克，精盐4克，味精1克，胡椒粉2克，植物油25克，香菜梗适量

·操作步骤·

① 将活鳜鱼宰杀后，刮去鱼鳞，剖开除去内脏，在鱼身上划斜直刀，洗净，沥水；番茄洗净切块。

② 炒锅烧热，放少许植物油，用葱白、姜片炝锅，放入鳜鱼略煎，加料酒、白汤，用旺火烧。

③ 待汤色乳白时，用精盐、味精调味后，下番茄块略煮，撒入香菜梗、胡椒粉，装入汤盘即可。

·营养贴士· 鳜鱼肉的热量不高，而且富含抗氧化成分，是减肥美容佳品。

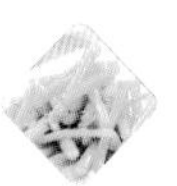

酥鲫鱼

主料 鲫鱼1条

配料 冰糖10克，酱油、料酒各5克，陈醋10克，白糖5克，葱丝10克，姜3片，干辣椒3个，八角2颗，香叶2片，花椒10粒，植物油、精盐各适量

·操作步骤·

① 鲫鱼去鳞和内脏以及腹内黑膜，洗净，控水待用；姜切丝；干辣椒切丝；葱丝、姜丝、干辣椒丝、花椒、八角、香叶分成两份，其中一份铺在焖锅锅底。

② 煎锅烧热，放入植物油铺满锅底，将鲫鱼放入煎至两面金黄，将煎好的鱼摆在有葱丝、姜丝等调料的焖锅里，另一部分调料放在鱼上面。

③ 将冰糖熬成糖色，加足量热水，放酱油、白糖、陈醋、料酒烧开，倒入摆好鱼的焖锅中（汤一定要没过鱼），中火烧开后转小火焖2小时，中间加一次精盐，最后用大火收浓汤汁，撒上姜丝、干辣椒丝、葱丝即可。

·营养贴士· 鲫鱼所含的蛋白质质优、氨基酸种类较全面，易于消化吸收。

·操作要领· 将鱼两面裹少许干淀粉再下锅煎，不会粘锅。

青瓜煮鱼片

主 料 青瓜200克，新鲜鲈鱼肉300克

配 料 皮蛋60克，猪油40克，料酒30克，高汤200克，姜丝5克，精盐3克，白砂糖2克，鸡精1克，香油、胡椒粉各适量，香菜少许

·操作步骤·

① 鲈鱼洗净切片；青瓜削皮去瓤，洗净切块；皮蛋去壳切块；香菜切段。

② 炒锅内放猪油，油热时放入姜丝爆香，加料酒、高汤、精盐、白砂糖、鸡精、青瓜块、皮蛋块煮3分钟，再放入鱼片继续煮2分钟，撒上香油、胡椒粉、香菜段即可。

·营养贴士· 鲈鱼富含蛋白质、维生素A、B族维生素及多种矿物质，具有补肝肾、益脾胃、化痰止咳的功效。

榨菜蒸鲈鱼

主 料 鲈鱼500克，榨菜适量

配 料 香油、蒜汁、姜汁、精盐、酱油各适量

·操作步骤·

① 鲈鱼宰杀后清洗干净，剔骨切成段备用；榨菜切丝备用。

② 将蒜汁、姜汁、精盐和酱油混合后，浇在鱼肉上，腌1个小时左右。

③ 榨菜丝放到鲈鱼上，将鲈鱼放到蒸锅中蒸10分钟，熄火后再焖一会儿。

④ 出锅后淋上香油即成。

·营养贴士· 本菜具有健身补血、健脾益气和益体安康的功效。

金瓜汁烩鲅鱼

主 料 鲅鱼 150 克，南瓜 200 克

配 料 香菜、精盐、姜汁、蒜汁、水淀粉、生抽、植物油各适量

·操作步骤·

① 鲅鱼处理干净，剔骨切成块备用；南瓜去皮切条备好；香菜切段备用。

② 鲅鱼块用厨房纸吸干水分，两面撒上水淀粉，用姜汁、蒜汁、精盐、生抽腌渍 10 分钟入味。

③ 锅中倒入植物油烧热，放入鱼块煎至两面微黄盛出。

④ 南瓜放入微波炉中高火加热 5 分钟后取出，用纱布揉烂成南瓜泥，将南瓜泥放入煮锅里，中火加热 5 分钟，勾入水淀粉，熬成浓稠的汤汁。

⑤ 将煎好的鱼块放入碟中，淋上汤汁，用香菜装饰即成。

·营养贴士· 鲅鱼含丰富的蛋白质、维生素 A、矿物质（主要是钙）等营养元素，具有补气、平咳的作用。

·操作要领· 炸鱼时间控制在 2 分钟内。

五更豆酥鱼

主 料 鳕鱼 500 克

配 料 猪肉（肥瘦）100 克，豆豉、黄酒各 15 克，葱、姜、大蒜（白皮）各 5 克，辣椒粉 5 克，味精 3 克，酱油、油各适量

·操作步骤·

① 葱、姜、大蒜切细末；猪肉剁碎成馅备用；去掉鳕鱼的大骨、鳞，放长碟中，淋黄酒，入笼用大火蒸 10 分钟。

② 炒锅烧热，放油，放入葱末、姜末、蒜末炒香，放豆豉、肉馅同炒，待豆豉散发出香味时，加辣椒粉、酱油、味精炒匀，浇在放五更火上的鱼上即可。

·营养贴士· 鳕鱼肝油中营养成分的比例，正是人体每日所需要量的最佳比例，具有很高的营养价值。

糟辣带鱼

主 料 带鱼 1 条，豆腐 1 块

配 料 香菜、葱段、姜丝、精盐、味精、白糖、高汤、糟辣椒、菜油各适量

·操作步骤·

① 将带鱼刮洗干净，用刀切成 3 厘米长的段，用水冲洗干净，沥干，用精盐均匀涂抹鱼两面；豆腐切块，放开水锅中焯一下，捞出；香菜洗净切段。

② 锅中倒入适量菜油，烧热，放入带鱼段，炸至两面金黄，捞出备用。

③ 锅中留余油，炒香糟辣椒，倒入豆腐块和炸成金黄色的带鱼炒匀，放入姜丝、葱段、精盐、白糖、高汤和味精炒匀，撒上香菜段即可。

·营养贴士· 带鱼的 DHA 和 EPA 含量高于淡水鱼，且富含人体必需的多种矿物元素以及多种维生素，实为老人、儿童、孕产妇的理想滋补食品。

香脆银鱼

主 料 银鱼500克

配 料 鸡蛋清15克，鸡蛋黄50克，面包屑150克，小麦面粉25克，大豆油600克（实用70克），盐3克，味精2克，白糖5克，大曲酒10克，白胡椒粉1克，干淀粉(蚕豆)10克

·操作步骤·

① 将银鱼摘去头，抽去肠，用清水漂清，沥水后放入碗内，加大曲酒、盐、味精、白胡椒粉、白糖拌均匀，再放入鸡蛋清、鸡蛋黄、干淀粉、面粉拌匀。

② 锅置旺火上烧热，放入大豆油，烧至七成热，将银鱼裹上面包屑放入锅中，用漏勺抖散，炸至金黄色即成。

·营养贴士· 银鱼营养丰富全面，具有高蛋白、低脂肪之特点，利于人体增进免疫功能和长寿。

·操作要领· 面包屑要选用咸面包切制，不宜用甜面包，因甜面包中有糖分，在炸制时易上色。

泡椒黄辣丁

主 料 黄辣丁 300 克

配 料 灯笼泡椒 50 克，精盐 3 克，姜 5 克，青葱 2 棵，大蒜 10 克，洋葱、冬笋各少许，植物油适量

·操作步骤·

① 黄辣丁洗净去内脏，沥水备用；姜、蒜、冬笋切片；青葱切葱花；洋葱切碎；灯笼泡椒洗净备用。

② 炒锅置中火上，倒油烧至八成热，放黄辣丁、精盐，小火炸脆，捞出沥油。

③ 锅内留底油，放入灯笼泡椒、姜片、蒜片、冬笋片炒出香味，放黄辣丁，加 20 克开水，焖 4 分钟出锅，装盘撒上葱花、洋葱碎即可。

·营养贴士· 黄辣丁性平，味甘，能益脾胃、利尿消肿。

生爆鳝背

主 料 鳝鱼 1 条

配 料 泡发木耳 40 克，葱 10 克，姜、蒜头各 5 克，红辣椒 5 克，糖 15 克，酱油 15 克，太白粉水、蚝油、白醋、香油各 5 克，盐 3 克，食用油适量

·操作步骤·

① 鳝鱼洗净切片状，放入油锅中稍微炸一下，捞起沥干备用；泡发木耳去蒂洗净，撕小块，放开水中焯烫捞出；葱切段，姜切片，蒜头切片，红辣椒洗净切片。

② 热锅倒入适量的食用油，放入葱段、姜片、蒜片及红辣椒片爆香，再放入木耳拌炒均匀。

③ 加入鳝鱼片、盐、糖、酱油、蚝油、白醋，盖上锅盖，转中小火焖煮至入味，用太白粉水勾芡，滴上香油即可。

·营养贴士· 鳝鱼中含有丰富的 DHA 和卵磷脂，食用鳝鱼肉有补脑健身的功效。

蒜子烧鳝段

主 料 去骨鳝鱼 400 克

配 料 葱、姜各 20 克，大蒜 1 头，干红辣椒若干，酱油、料酒、精盐、胡椒粉、鸡粉、植物油、蒜苗各适量

·操作步骤·

① 鳝鱼切成 3 厘米左右的段；干红辣椒切段；大蒜剥皮；葱、姜切片；蒜苗洗净，择去黄叶，沸水焯熟后摆在盘底。

② 锅中放植物油烧热，下入鳝鱼段、干红辣椒段、大蒜、葱片、姜片煸炒，待其水分将干，发出“啪啪”的响声时，烹入料酒、酱油，加水、精盐、胡椒粉、鸡粉烧开。

③ 用小火慢烧，待鳝鱼烧软，把汁收稠，出锅放在摆有蒜苗的盘子里即可。

·营养贴士· 本菜能降血糖和调节血糖，对糖尿病有较好的治疗作用，加之所含脂肪极少，因而是糖尿病患者的理想菜肴。

·操作要领· 鳝鱼一定要用新鲜的，一定要等到发出“啪啪”声时再加水，这样鳝鱼才会酥嫩。

紫龙脱袍

主料 鳝鱼1条

配料 冬笋丝50克，红柿子椒丝30克，香菇丝10克，葱、姜丝各10克，鸡蛋液30克，香菜段3克，精盐、味精各2克，淀粉30克，料酒30克，胡椒粉、香油、食用油各适量

·操作步骤·

① 将鳝鱼放在沸水中氽一下，剔去刺，切成5厘米长、0.3厘米粗的丝，用鸡蛋液、淀粉上浆。

② 起锅放食用油烧热，下入鳝鱼丝滑散，捞出控油；冬笋丝、红柿子椒丝、香菇丝过油。

③ 锅中留底油，投入葱、姜丝爆香，放入鳝鱼丝、冬笋丝、香菇丝、红柿子椒丝、精盐、味精及料酒，翻炒均匀，撒入胡椒粉，淋香油，放香菜段即可。

·营养贴士· 本菜具有增进视力的功效。

铁板炒鲜鱿

主料 新鲜鱿鱼400克

配料 洋葱、木耳各100克，植物油、番茄酱、精盐、味精、料酒各适量

·操作步骤·

① 把新鲜鱿鱼处理干净，先切出花，再切条备用；洋葱洗净剥皮，切成条状备用；木耳提前泡发，撕小朵备用。

② 在锅内加植物油，烧热后放入鱿鱼，倒入料酒去腥。

③ 倒入番茄酱、洋葱和木耳翻炒，加入精盐、味精调味，炒熟即成。

·营养贴士· 鱿鱼含有的多肽和硒等微量元素，有抗病毒防辐射的作用。

干煸干鱿鱼

主料 干鱿鱼300克，里脊肉100克

配料 香芹50克，蒜末、姜末各10克，酱油15克，精盐5克，鸡精3克，熟白芝麻、植物油、干辣椒段、纯碱各适量

·操作步骤·

① 干鱿鱼用冷水浸泡3个小时后捞出，放入纯碱再泡3个小时，发好，取出反复漂洗，除掉碱味，沥干水分，切成丝。

② 里脊肉洗净，切丝；香芹洗净，切段。

③ 锅中置植物油烧热，下姜末、干辣椒段爆出香味，将干鱿鱼、肉丝、香芹段下锅翻炒，其间加精盐、酱油、鸡精，翻炒至熟，撒入蒜末、熟白芝麻炒匀即可。

·营养贴士· 干鱿鱼含有糖类、钙、磷、铁等营养成分，被誉为海味珍品。

·操作要领· 纯碱与水的比例大致是1:5，控制好纯碱与水的比例，发好的鱿鱼才会平滑柔软、鲜润透亮、有弹性。

照烧鱿鱼圈

主 料 鱿鱼 1 只

配 料 红辣椒 10 克，精盐 3 克，料酒 10 克，照烧酱 25 克，大葱适量

·操作步骤·

① 将鱿鱼洗净，加上精盐和料酒腌渍 1 个小时；红辣椒洗净，切斜圈；大葱（取葱白）洗净切丝备用。

② 把烘烤篮放入烘烤机中，温度调至 200℃，预热 5 分钟。

③ 将准备好的鱿鱼放入烘烤篮中，撒入红辣椒，时间调节至 15 分钟，隔 5 分钟打开烘烤篮将鱿鱼翻身，刷一层照烧酱；完成后将鱿鱼切片，撒上葱丝即可食用。

·营养贴士· 本菜对骨骼发育和造血十分有益，可预防贫血。

上汤双色墨鱼丸

主 料 墨斗鱼 1 条

配 料 胡萝卜汁、菠菜汁、萝卜菜苗、鸡蛋、葱段、姜片、胡椒粉、精盐、鸡精、料酒、淀粉、香油各适量

·操作步骤·

① 将萝卜菜苗洗净切成段；墨斗鱼取肉用搅拌机加入精盐、鸡蛋、胡椒粉、葱段、姜片、料酒、淀粉打成泥。

② 将墨鱼泥分成两部分，一半加胡萝卜汁制成红色墨鱼泥，另一半加菠菜汁制成绿色墨鱼泥；坐锅点火将双色墨鱼泥氽成双色墨鱼丸，加精盐、鸡精、胡椒粉调味，装入汤盘中撒上萝卜菜苗，淋入香油即可。

·营养贴士· 此菜品是补充维生素、防止女性贫血的佳肴。

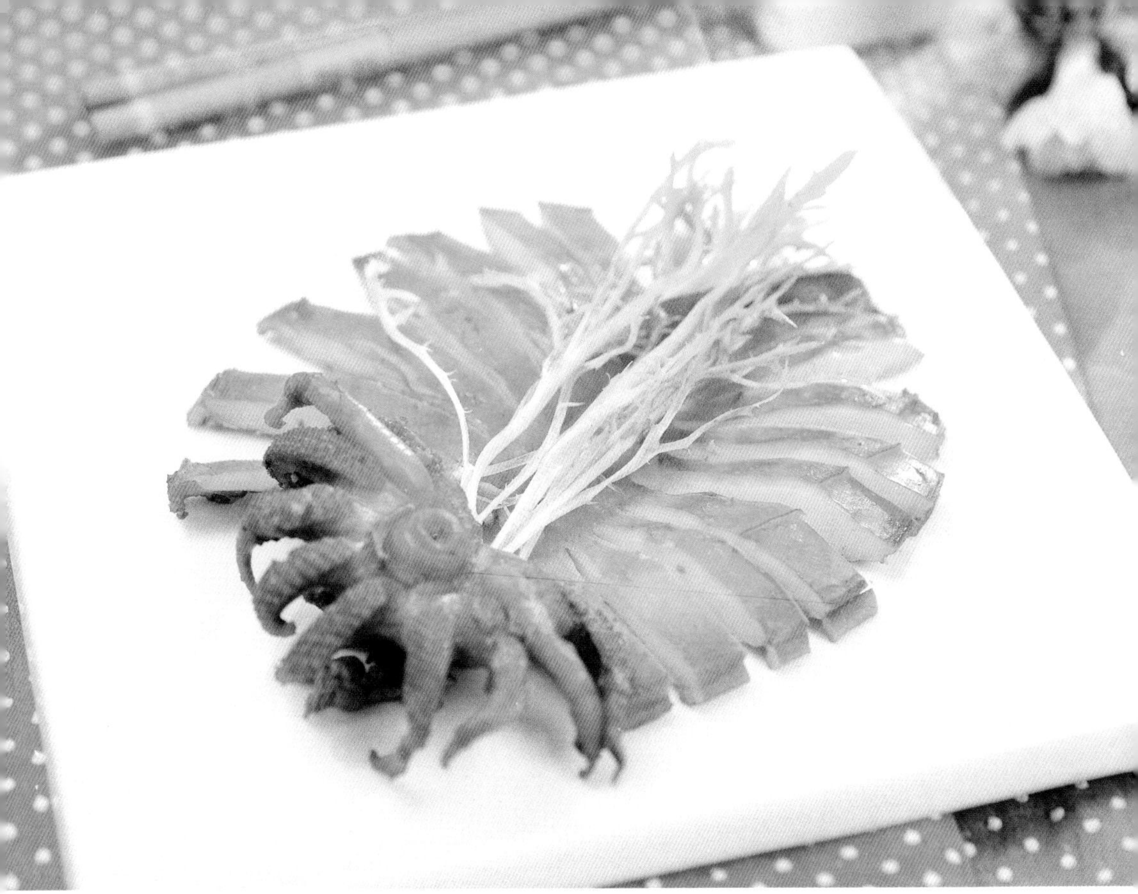

大烤墨鱼

主料 墨鱼1只

配料 姜1块，香叶、烧烤酱各适量

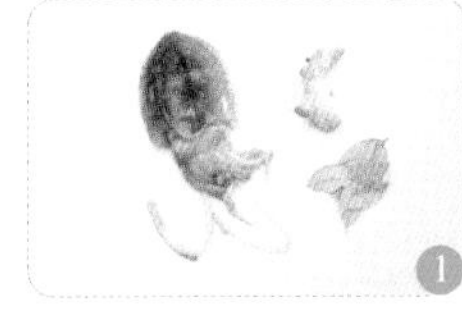
准备所需主材料。

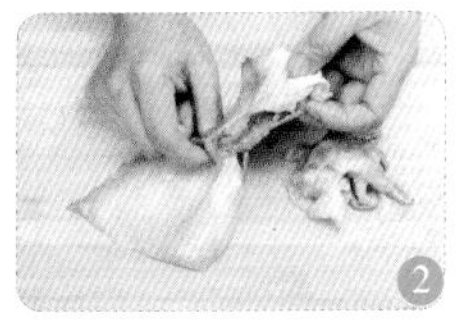
将墨鱼去除杂质部分后洗净；姜切片。

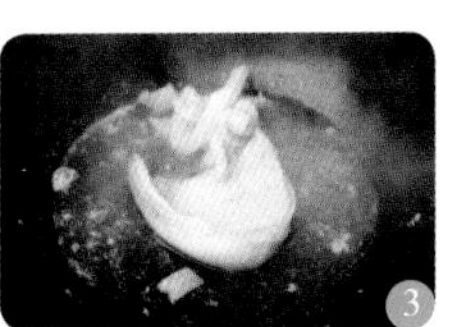
锅内放入适量水，水沸后放入姜片和墨鱼。

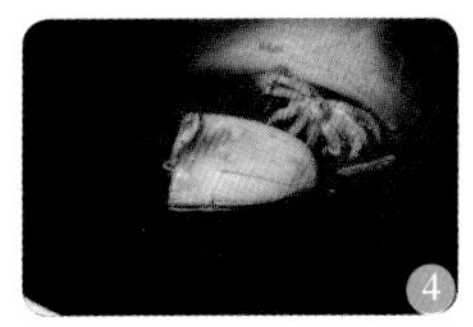
锅内放入烧烤酱、香叶，将墨鱼煮熟。

将墨鱼捞出后沥干水分，改成花刀即可食用。

营养贴士：墨鱼是一种高蛋白、低脂肪滋补食品，是女性塑造体型和保养肌肤的理想食品。

操作要领：煮制时间要长些，这样墨鱼吃起来才有韧性。

姜汁墨斗鱼

主 料 墨鱼500克

配 料 黄瓜100克，姜5克，醋、香油各8克，酱油5克，精盐5克，味精3克

·操作步骤·

① 黄瓜洗净切丝，摆入盘中；墨鱼撕去表面薄皮，去骨，洗净黑膜，切3厘米长细丝，放进开水锅中煮熟，捞出晾凉，放黄瓜丝上；姜刮净皮，切细末。

② 姜末与醋、香油、酱油、精盐、味精放在一起，调匀，浇在墨斗鱼丝上，拌匀即可。

·营养贴士· 本菜具有养血、明目、通经、安胎、利产、止血、催乳等功效，女性经、孕、产、乳各期食用皆为有益。

鲜辣花枝片

主 料 墨鱼400克，荷兰豆200克

配 料 胡萝卜80克，辣椒酱、味精、精盐、料酒、香油、花生油、淀粉各适量

·操作步骤·

① 荷兰豆去筋洗净，胡萝卜切成花形，将荷兰豆、萝卜花焯水过凉，放在盘底；墨鱼洗净切成夹刀片，焯水滑油后控油待用。

② 锅烧热，放花生油，放入辣椒酱爆香，烹入料酒，加味精、精盐，倒入墨鱼片炒匀，水淀粉（淀粉加水）勾芡，淋香油，倒在荷兰豆、胡萝卜上即可。

·营养贴士· 墨鱼是一种高蛋白、低脂肪的滋补食品，具有养血、通经、补脾、益肾、滋阴之功效。

翡翠虾仁

主料 虾仁 150 克

配料 鸡蛋 1 个，枸杞 10 克，苦瓜、蒜汁、植物油、胡椒粉、水淀粉、精盐、清汤各适量

·操作步骤·

① 打鸡蛋，取蛋清备用；枸杞提前泡发备用。

② 虾仁用精盐、胡椒粉、水淀粉及蛋清上浆；苦瓜切片，焯熟。

③ 锅置火上，放植物油烧至四成热，放入虾仁滑熟，捞出控油；用剩余的精盐、胡椒粉、水淀粉和清汤兑成芡汁。

④ 锅内留底油，下虾仁、苦瓜、枸杞、蒜汁稍炒，倒入芡汁翻炒至熟即成。

·营养贴士· 此菜富含蛋白质、钙、磷、钾、维生素 A 等营养物质，具有健脾化痰、补肾和胃等功效。

·操作要领· 腌泡虾仁时，可放入冰箱冷藏 1~2 小时，以维持虾仁的脆度。

天妇罗炸虾

主料 鲜虾300克

配料 低筋面粉100克，蛋黄50克，精盐3克，姜汁15克，清水80克，番茄酱、植物油、淀粉各适量

·操作步骤·

① 鲜虾去掉外壳、虾头，抽去泥肠，保留尾部，用姜汁、精盐腌渍片刻。

② 低筋面粉、蛋黄、清水、精盐调匀，制成面衣。

③ 中火起油锅，把虾在淀粉里裹一下，抖掉多余的淀粉，然后再裹一层面衣，下油锅炸至金黄色，捞出摆盘。

④ 番茄酱放入小盘中，食用时蘸用即可。

·营养贴士· 本菜营养丰富，容易消化，对身体虚弱以及病后需要调养的人是极好的食物。

薯片香辣虾

主料 基围虾500克，红薯适量

配料 葱、姜、干辣椒、老抽、料酒、食盐、植物油各适量

·操作步骤·

① 基围虾洗净去须去虾线；红薯去皮切成片；葱切花；干辣椒切段；姜切末。

② 锅内倒植物油（多放点）烧至七成热，放入虾炸至变色卷曲，捞出沥油备用。

③ 把红薯片放入植物油中，炸至金黄，捞出沥油备用。

④ 锅内留适量植物油，烧至五成热，放入葱花、姜末、干辣椒段炒香。

⑤ 放入提前炸好的红薯片和虾，再放入料酒、老抽和食盐翻炒均匀即可。

·营养贴士· 虾中含有的镁对心脏活动具有重要的调节作用，能很好地保护心血管系统，可减少血液中胆固醇含量，防止动脉硬化。

龙井虾仁

主料 活大河虾 1000 克

配料 鸡蛋 1 个，龙井新茶 1.5 克，青豆若干，荷兰芹叶少许，绍酒、精盐、味精、淀粉、熟猪油各适量

·操作步骤·

① 虾去壳，清洗至虾仁雪白，沥水，放入碗中，加精盐、味精、蛋清，用筷子搅拌至有黏性，放淀粉上浆。

② 茶叶用沸水 50 克泡开（不要加盖），静置 1 分钟，滤出 40 克茶汁，剩下的茶叶和汁待用。

③ 炒锅置火上，下熟猪油烧至五成热，放入虾仁略炒，倒入漏勺沥油。

④ 锅内留油，放入虾仁，迅速倒入茶叶和茶汁，烹绍酒，加精盐、味精、青豆翻炒均匀，盛盘，用荷兰芹叶装饰即可。

·营养贴士· 本菜具有软化血管、降低胆固醇等功能，是一道养生佳肴。

·操作要领· 虾壳剥好有技巧，先从头部二三节开始剥，剥完虾尾剥虾头，就很容易把壳剥下来了。

鸡汤汆海蚌

主料 漳港海蚌 3500 克

配料 三蓉鸡汤、精盐、料酒各适量

·操作步骤·

① 海蚌劈开壳，洗净后入沸水锅煮至六成熟，取出装于碗中，倒入少许料酒浆一下。

② 取出沥干，加入约 150 克的三蓉鸡汤（热），浸泡片刻后再将汤汁沥净。

③ 将三蓉鸡汤用精盐调味后，烧沸后立即汆入海蚌，即成。

·营养贴士· 海蚌营养丰富，富含优质蛋白和氨基酸，能滋阴补虚、清热凉肝。

味道泡海螺

主料 海螺 400 克

配料 精盐、白糖、泡椒汁、白酒各适量

·操作步骤·

① 旺火烧沸适量的水，放入海螺，蒸煮 10 分钟后沥干水分，将海螺放入凉水之中，挖出海螺肉，洗净。

② 海螺中加白糖、精盐、白酒、泡椒汁拌匀。

③ 将海螺连同浸泡它的调汁放入冰箱泡 1 个小时即可。

·营养贴士· 螺肉含有丰富的维生素 A、蛋白质、铁和钙等营养元素，对目赤、黄疸、脚气、痔疮等疾病有食疗作用。

大蹄扒海参

主料 水发海参 750 克，猪蹄 500 克

配料 酱油 15 克，葱段、姜片各 5 克，味精 5 克，料酒 25 克，精盐 20 克，蒜汁 10 克，白糖 50 克，香菜、鸡汤、淀粉、植物油、香油各适量

·操作步骤·

① 将猪蹄刮洗干净，在外侧划上一刀，用开水煮透，捞出控去水分，放入七成热的植物油中，炸至金黄色，捞出沥油备用；海参洗净后用直刀切成两半备用；香菜切段备用。

② 将植物油烧热，放入葱段、姜片爆香，把猪蹄放入锅中，加入料酒、蒜汁、酱油、味精、鸡汤、精盐、白糖调味，1 个小时后，将猪蹄翻转过来，再用小火将猪蹄煨烂，放入盘中，拣出葱段、姜片。

③ 锅中留底油，放入海参翻炒 3 分钟，用淀粉勾芡，淋入香油，倒入猪蹄盘中，加香菜段点缀即成。

·营养贴士· 海参含胆固醇低，脂肪含量相对少，是典型的高蛋白、低脂肪、低胆固醇食物，堪称食疗佳品。

·操作要领· 控制海参的烹制时间，时间太短或太长都会大大影响海参的口感，一般 3 分钟即可。

酸辣海参

主 料 水发海参 300 克

配 料 鸡蛋 1 个，熟冬笋 25 克，火腿 40 克，葱、姜各 10 克，香油 10 克，水豆粉 10 克，胡椒粉 5 克，醋 15 克，味精 0.5 克，清汤 500 克

·操作步骤·

① 水发海参洗净，片成薄片，在沸水锅中煮后再用清汤煨 1 ~ 2 次，沥干待用；鸡蛋煮熟，取蛋白切成薄片；熟冬笋、火腿切成薄片；葱切成葱花；姜切细粒。

② 将切好的鸡蛋片、熟冬笋片、火腿片放入锅中，加适量胡椒粉、醋、清汤烧沸，加味精，下海参片、姜粒，加水豆粉勾成芡汁，待沸后，加入香油，起锅舀入汤碗，撒上葱花即成。

·营养贴士· 本菜有助于人体生长发育，能够延缓肌肉衰老、增强机体的免疫力。

咸鱼绿豆芽

主 料 绿豆芽 200 克，咸鱼 80 克

配 料 植物油、蒜末、葱末、精盐、白糖、味精各适量

·操作步骤·

① 将绿豆芽掐去两头的叶与根，洗净备用；咸鱼洗净切丁。

② 锅中放油，烧热后，先把咸鱼丁倒进去炸硬，再倒入蒜末、葱末爆香，倒入豆芽翻炒，加入精盐、白糖、味精、葱末，快速翻炒均匀，即可起锅。

·营养贴士· 咸鱼是腌制食品，少量食用问题不大，如果长期食用易患鼻咽癌。

海鲜锅仔

主料 鳕鱼120克，扇贝100克，基围虾90克，文蛤200克

配料 山药、青笋各150克，青柠檬、洋葱各1个，朝天椒、蒜瓣各2个，香葱1棵，白醋10克，高汤200克，白胡椒粉3克，精盐5克，白砂糖15克，泰国甜酸辣酱50克

·操作步骤·

① 香葱、朝天椒及蒜均切碎；青柠檬切4片圆片，其余部分榨汁；青笋、山药去皮切块；洋葱切丝；扇贝和文蛤提前用醋水浸泡，吐完沙后洗净。

② 煮锅加水，大火烧开，放入鳕鱼汆烫5分钟，取出沥干水分，码入锅仔中，用相同的方法依次汆烫好基围虾、文蛤、扇贝，码入锅仔中。

③ 继续码入青笋块、山药块，撒上香葱碎、朝天椒碎、蒜碎，以及柠檬片和洋葱丝。

④ 将所有调料调入高汤中，加入青柠檬汁调匀，倒入锅仔中烧开即可。

·营养贴士· 扇贝热量低且不含饱和脂肪，经常食用有助于预防心脏病、中风及老年痴呆症。

·操作要领· 如果没有甜酸辣酱，也可以增加白醋和白砂糖的用量来调节普通辣椒酱的口味。

多味炒蟹钳

主料 蟹钳300克

配料 辣椒酱、豆瓣酱、豆豉各12克，香菜、干辣椒各8克，葱10克，姜13克，料酒20克，生抽15克，老抽6克，白糖5克，淀粉15克，藕丁、精盐各适量

·操作步骤·

① 蟹钳洗净、沥水备用；藕洗净，切丁；葱切段；姜切片；干辣椒切段；香菜切段。

② 油锅下葱段、姜片、干辣椒段爆香，下蟹钳、藕丁翻炒，加入精盐、辣椒酱、豆瓣酱、豆豉翻炒入味，下料酒、生抽、老抽，加150克水焖5分钟。

③ 揭盖加白糖，淀粉勾薄芡收干汁水，撒上香菜出锅即可。

·营养贴士· 蟹肉含有丰富的蛋白质及微量元素，对身体有很好的滋补作用。

潇湘五元龟

主料 净龟肉适量

配料 清汤、桂圆、荔枝、红枣、莲子、枸杞、色拉油、精盐、味精、料酒、酱油、胡椒粉、冰糖、姜片、葱段各适量

·操作步骤·

① 龟肉初加工后斩成块，焯水，沥出洗净。

② 锅中放少许色拉油，放入姜片、葱段炒香，再放入龟肉煸干水分，烹料酒、酱油，加清汤和冰糖上笼蒸熟，约七成烂时取出，拣去姜片、葱段。

③ 龟肉中放入桂圆、荔枝、红枣、莲子，加精盐、味精调味，上笼蒸至龟肉软烂入味，取出，撒胡椒粉、枸杞即可。

·营养贴士· 龟肉含蛋白质、动物胶、脂肪、糖类及钙、磷、铁和多种维生素等营养成分，且容易被人体吸收。

麻辣田鸡

主料 活田鸡 1500 克

配料 红辣椒 50 克，大蒜 50 克，酱油 25 克，湿淀粉、料酒各 50 克，醋、香油各 10 克，味精 2 克，花生油 1000 克（实耗 100 克），花椒粉 1 克，精盐 5 克，白萝卜、清汤各适量

·操作步骤·

① 田鸡去内脏后洗净，斩块，用少许精盐和酱油拌匀，再用湿淀粉浆好待用；红辣椒去蒂、去籽，洗净后斜切段；大蒜切斜段；白萝卜洗净切块，放开水中焯一下；酱油、醋、味精、料酒、香油、湿淀粉和少许清汤兑成汁。

② 锅中放入花生油烧热，放入田鸡炸一下捞出，待油内水分烧干时，再下入田鸡重炸焦酥呈金黄色，倒漏勺滤油。锅中留底油，放入红辣椒段、白萝卜块，加精盐炒一下，再放入花椒粉、蒜段、田鸡，倒入兑汁颠几下，装入盘内即成。

·营养贴士· 田鸡营养价值非常丰富，味道鲜美，是一种高蛋白质、低脂肪、低胆固醇营养食品。

·操作要领· 葱、姜、蒜和红辣椒均切末，加花椒粉烹制，即为椒麻田鸡。

子姜蛙腿

主料 蛙腿 300 克

配料 红辣椒、子姜、竹笋、豆瓣酱、花椒、精盐、料酒、味精、泡椒、植物油各适量

·操作步骤·

① 蛙腿洗净，用精盐和料酒腌一下；红辣椒洗净切圈；子姜洗净切条；竹笋去皮，切片，汆水。

② 锅中倒植物油烧热，把蛙腿倒入锅里翻炒一会儿，水分炒干，捞起。

③ 在锅里放豆瓣酱、泡椒、花椒炒出香味，加水煮开，水煮开后，再把炒好的蛙腿放入锅里煮，再加点精盐。

④ 蛙腿快煮熟时，加入笋片、子姜条、红辣椒圈，再煮一小会儿，至蛙腿熟且入味，再加点味精，就可起锅盛盘了。

·营养贴士· 本菜具有滋补解毒的功效，消化功能差或胃酸过多的人以及体质弱的人可以用来滋补身体。

·操作要领· 蛙肉内会有寄生虫，所以一定要煮熟才可以吃。

Chapter 5 菌豆类

紫菜香菇卷

主料 香菇、紫菜、豆油皮各适量

配料 红腐乳1块，生抽、老抽各5克，山药、胡萝卜、芝麻油、白糖各少许

·操作步骤·

① 山药处理干净，然后上锅蒸熟，捣成泥；一半豆油皮、紫菜分别裁成长片；另一半豆油皮切丝；香菇切丝；胡萝卜洗净切丝；红腐乳压成泥。

② 取一空碗，加入红腐乳泥、芝麻油、生抽、老抽、白糖、香菇丝、胡萝卜丝、豆油皮丝、山药泥拌匀，腌渍片刻。

③ 将豆油皮平铺，上面铺一张紫菜，倒入腌好的馅料，卷成卷。

④ 用纯棉纱布包好豆油皮卷，用绳扎紧，上屉蒸20分钟即可。

·营养贴士· 本菜对人体降低血脂很有益处。

松子香蘑

主料 水发香菇500克，松子50克

配料 白糖25克，水淀粉15克，食盐、鸡精各4克，葱姜油30克，鸡油5克，鸡汤250克，糖色、料酒、葱花各适量

·操作步骤·

① 香菇去蒂洗净。

② 锅中放入葱姜油烧热，把松子炸出香味，然后加入鸡汤、白糖和食盐，用糖色把汤调成金黄色，再把鸡精、香菇放入汤内，用小火煨15分钟，最后用水淀粉勾芡，淋入鸡油，撒上葱花即成。

·营养贴士· 本菜含多种酶类，可以缓解人体酶缺乏症。

糖醋香菇盅

主 料 香菇10朵，猪肉200克

配 料 鸡蛋1个，胡萝卜半个，生粉、香油、鸡精、白糖、食盐、醋、番茄沙司、料酒、生抽各适量，水淀粉、葱花各少许

·操作步骤·

① 香菇去根，洗净；胡萝卜洗净切丁；猪肉洗净切碎。

② 将猪肉、葱花、胡萝卜丁一并放入碗中，加入鸡蛋液、生粉、料酒、生抽、香油、鸡精拌匀，腌渍片刻。

③ 锅中添水，煮沸后倒入香菇煮5分钟，捞出挤干水分。

④ 将拌好的猪肉捏成肉丸，填入香菇帽中，再放进蒸锅蒸20分钟。

⑤ 取出香菇盅放在盘子中，用蘑菇蒸出的原汁加入少许开水煮开，加入醋、白糖、番茄沙司、食盐，以水淀粉勾薄芡，出锅淋在香菇盅上即可。

·营养贴士· 香菇是高蛋白、低脂肪的营养保健食品，被誉为“山珍之王”。

·操作要领· 鲜香菇个大肉厚，为了保证菜肴的软嫩口感，制作这道菜最好用鲜香菇。

金针菇拌火腿

主 料 金针菇 100 克，火腿、芹菜、水发木耳各 50 克

配 料 料酒 8 克，酱油、醋各 6 克，鸡精 2 克，香油 3 克，精盐 3 克

·操作步骤·

① 将火腿切成细条；水发木耳切成丝；芹菜洗净切成段；金针菇洗净用沸水焯烫至熟。

② 将金针菇、木耳、芹菜、火腿放入盘中，加入精盐、鸡精、料酒、酱油、醋拌匀，淋入香油即可。

·营养贴士· 本菜具有提高免疫力的功效。

芥蓝烧鸡腿菇

主 料 芥蓝 400 克，鸡腿菇 350 克

配 料 植物油 20 克，葱花、姜丝、精盐、鸡精、白糖、淀粉各适量

·操作步骤·

① 将芥蓝洗涤整理干净，切成长条，下入加有少许油的开水中焯烫一下，捞出冲凉，沥干水分；鸡腿菇清洗干净，切成片，下入开水中焯烫下，捞出备用。

② 坐锅点火，加油烧热，先放入葱花、姜丝炒香，再放入芥蓝、鸡腿菇、精盐、白糖、鸡精翻炒均匀，用淀粉勾芡，即可装盘。

·营养贴士· 鸡腿菇营养丰富，经常食用有助于增进食欲、消化，增强人体免疫力，具有很高的营养价值。

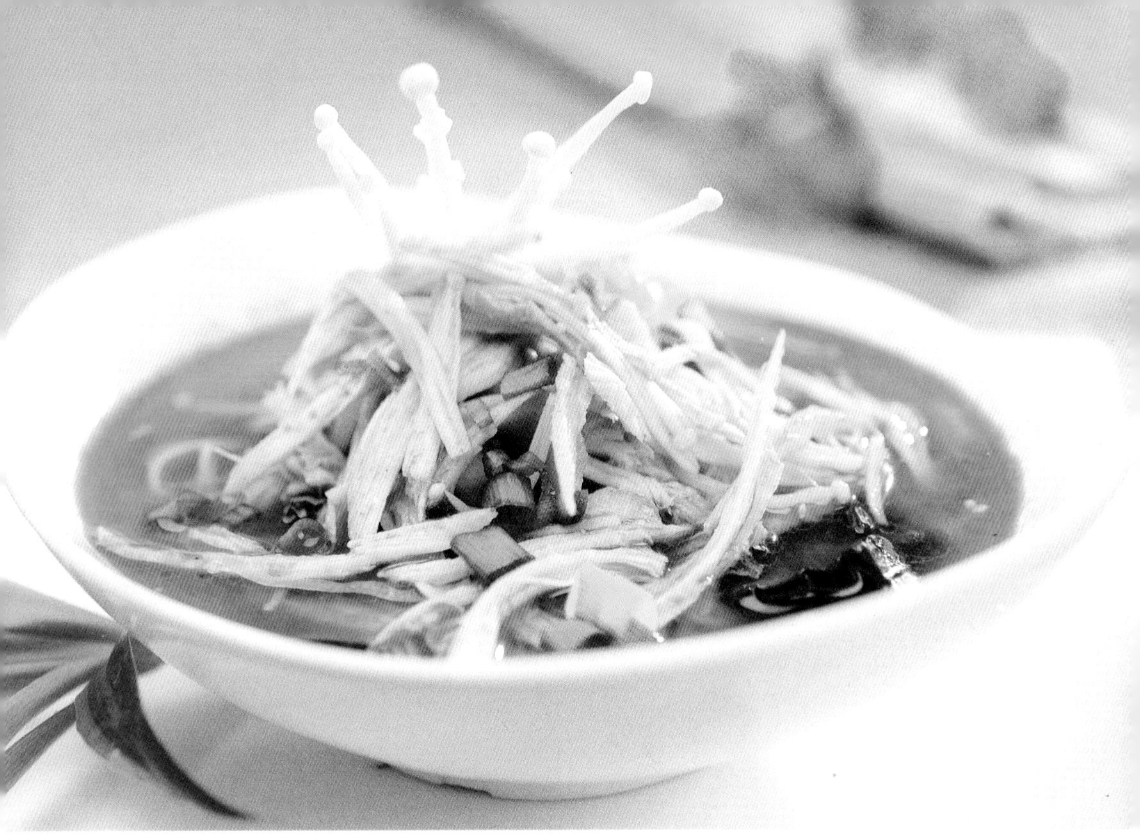

金针煮鸡丝

操作步骤

主料 金针菇 100 克，熟鸡肉 100 克

配料 黑木耳（鲜）、香菇（鲜）、辣椒酱、葱、食盐、鸡精各适量

准备所需主材料。

木耳切成小片；金针菇洗净后切除根部；香菇切成丝。

葱切成葱花；熟鸡肉撕成丝。

锅内放入适量水，放入辣椒酱，将辣椒捞出不用。

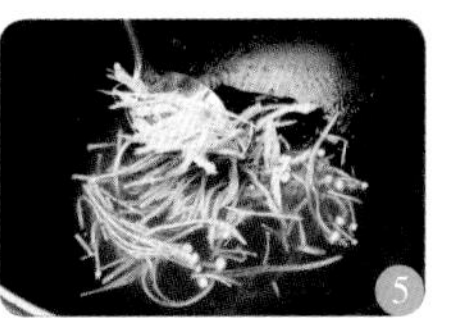
把鸡丝、金针菇、香菇丝、黑木耳放入锅中，炖煮至熟后放入食盐、鸡精调味即可。

营养贴士：金针菇是高钾低钠食品，可防治高血压，对老年人也有益。

操作要领：所有食材放入锅中后，煮开转小火继续炖煮 5 分钟即可，以保证菜肴的鲜嫩、美味。

牛髓真菌汤

主料 牛骨髓150克，鸡腿菇100克，滑子菇200克

配料 菜心2棵，植物油、精盐、味精、料酒、醋、高汤、胡椒粉、香油各适量

·操作步骤·

① 牛骨髓切段，焯水洗净。

② 鸡腿菇洗净切片；滑子菇洗净。

③ 炒锅上火，下油烧热，放入鸡腿菇、滑子菇煸炒，加入高汤、菜心、牛骨髓烧沸，加入精盐、味精、醋（几滴）、料酒、胡椒粉、香油烧开，撇去浮沫，出锅即成。

·营养贴士· 牛骨髓为滋腻之品，具有补肾助阳、填精益髓之功效。

酸汤菌菇

主料 海鲜菇、鸡腿菇各100克

配料 青椒、红椒各1个，粉丝、野山椒、鲜花椒、酸汤、姜、食盐各适量

·操作步骤·

① 海鲜菇、鸡腿菇洗净，放入开水中焯一下；青椒、红椒去籽，切小圈；野山椒切小圈；姜切片。

② 锅置火上，倒入酸汤，下海鲜菇、鸡腿菇、粉丝、青椒圈、红椒圈、野山椒圈、鲜花椒、姜片同煮，加食盐调味，煮熟即可。

·营养贴士· 海鲜菇的蛋白质中氨基酸种类齐全，还含有数种多糖体，常食海鲜菇有抗癌、防癌、提高免疫力、预防衰老、延长寿命的功效。

鸡胗焖三珍

主 料 滑子菇150克，竹笋100克，鸡胗50克，干木耳20克

配 料 植物油、葱、姜、酱油各适量

·操作步骤·

① 木耳浸泡水中；鸡胗洗净，用开水烫一下；竹笋放入锅中，大火煮沸捞出，冷却后再放入清水中浸泡，然后切条；滑子菇洗净备用。

② 锅中热油，八成热时下葱、姜爆香，倒入鸡胗、木耳、滑子菇和竹笋翻炒，倒入酱油炒匀出锅。

③ 将炒好的菜放入电压力锅加热，时间约20分钟。

·营养贴士· 滑子菇菌伞表面附着着一种黏性物质，这是一种核酸，对保持人体的精力和脑力大有益处，并且还有抑制肿瘤的作用。

·操作要领· 竹笋大火煮开后熄火放至冷却，然后换水静泡约半天，途中多次换水，以去酸味，使用前用手攥干，使其成菜后的味道更鲜美。

海米烩双耳

主料 银耳、木耳各200克，海米100克

配料 葱末20克，植物油、料酒、水淀粉、胡椒粉、食盐、姜各适量

·操作步骤·

① 海米洗净，用料酒、食盐和胡椒粉腌渍备用；银耳和木耳用冷水泡发，洗净撕成小朵；姜切小块。

② 锅中倒入植物油加热，将海米过油盛出。

③ 锅内留少许底油，放入葱末、姜块爆香，放入海米、黑木耳和银耳翻炒片刻，加适量清水、食盐烩3分钟，最后用水淀粉勾芡即可出锅。

·营养贴士· 木耳和银耳营养丰富，且都可养血驻颜，令人肌肤红润，经常食用本菜可令人容光焕发。

肉片烧口蘑

主料 新鲜的口蘑200克，猪里脊肉150克

配料 青椒、红椒各50克，酱油20克，植物油、食盐、鸡精、葱丝各适量，水淀粉少许

·操作步骤·

① 将口蘑洗净，切片；将猪里脊肉洗净，切片，用葱丝和水淀粉拌匀腌上待用；青椒、红椒切块。

② 炒锅里倒入植物油，烧热后，放入青椒、红椒和口蘑略炒，再放入肉片烧至食材熟。

③ 用食盐、鸡精、酱油调味后，以水淀粉勾芡，即可出锅。

·营养贴士· 口蘑含有大量植物纤维，具有防止便秘、促进排毒、预防糖尿病及大肠癌、降低胆固醇含量的作用，而且它热量很低，是一种较好的减肥美容食品。

杏鲍菇牛肉

主料 牛肉150克，杏鲍菇200克

配料 红辣椒、青尖椒各1根，胡椒面、料酒、植物油、食盐各适量

·操作步骤·

① 将杏鲍菇切片；把红辣椒和青尖椒切成片；把牛肉切成片，裹上食盐、胡椒面和料酒，搅拌均匀。

② 锅内放入植物油，油热后把牛肉片放入锅中，炸至变色时捞出。

③ 把杏鲍菇片放入油锅中，炸至变色时捞出。

④ 锅内留少许底油，放入杏鲍菇片、牛肉片翻炒片刻，然后放入红辣椒片、青尖椒片、食盐，翻炒至熟即可。

·营养贴士· 杏鲍菇富含蛋白质、糖类、维生素及多种矿物质，可以提高人体免疫功能，具有抗癌、降血脂、润肠胃以及美容等作用。

·操作要领· 牛肉片要腌渍30分钟，这样便于入味，使菜肴更加味美。

高汤猴头菇

主料 水发猴头菇 350 克

配料 香菇 50 克，油菜 30 克，带骨头高汤1000克，绍酒、葱白、生姜、食盐、鸡精各适量

·操作步骤·

① 香菇洗净；油菜洗净；猴头菇择净，用清水冲洗，控干。

② 将猴头菇、香菇、油菜装入陶罐，倒入带骨头高汤、绍酒，并加入生姜、葱白、食盐调味，拌匀后放进蒸笼蒸 25 分钟。

③ 最后拣去葱白、生姜，调入鸡精即可。

·营养贴士· 猴头菇含有的多糖体、多肽类及脂肪物质，能抑制癌细胞中遗传物质的合成，具有治癌、防癌的功效。

煮豆腐

主料 豆腐 400 克

配料 西蓝花、豆芽、红柿子椒、扇贝、虾、蒜苗叶、植物油、酱油、食盐、鸡精各适量

·操作步骤·

① 将豆腐切成 4 厘米的正方形薄片；将西蓝花切块；将蒜苗叶切段；将红柿子椒切条。

② 锅内放入植物油，油热后将豆腐放在油锅内煎至两面金黄，取出控油。

③ 将扇贝去壳后洗净，将扇贝肉和虾放入锅内，放入适量水，放入酱油，煮制成汤汁。

④ 将煎好的豆腐、西蓝花、蒜苗叶、红柿子椒、豆芽一起放入锅内，煮炖至熟后放入食盐、鸡精调味即可。

·营养贴士· 此菜营养丰富，具有补中益气、清热润燥、清洁肠胃的作用。

焖黑牛肝菌

主 料 黑牛肝菌250克，五花肉150克

配 料 干木耳50克，香菜段少许，植物油、食盐、葱白段、大蒜、生姜片、花椒、干辣椒段、泡姜丝、泡椒酱、老抽、白酒、白糖各适量

·操作步骤·

① 五花肉切片，倒入少许白酒，放几个葱白段和生姜片，腌渍片刻；黑牛肝菌用冷水泡发待用；干木耳泡发，洗净后撕成小朵。

② 锅中下植物油，放几粒花椒慢慢炒香，放入葱白段、大蒜、生姜片、干辣椒段、泡姜丝、泡椒酱煸炒出香味，倒入五花肉、黑牛肝菌、木耳，加老抽上色炒匀，放食盐、白糖，倒入开水，淹没食材的1/2。

③ 翻匀后盖上锅盖，焖至汁水收干，撒香菜段拌匀出锅即可。

·营养贴士· 黑牛肝菌含有大量蛋白质和氨基酸，具有防癌、止咳、补气等功效，也是减肥食用菌。

·操作要领· 五花肉中加白酒和姜片，可以去除其腥味。

鱼香豆腐

主料 豆腐1块

配料 郫县豆瓣酱、蒜、白糖、醋、酱油、高汤、姜、葱花、植物油各适量

·操作步骤·

① 豆腐切成小块，入油锅煎至表面金黄；蒜、姜切末。

② 用酱油、醋、白糖调成鱼香汁。

③ 锅烧热后倒入植物油，先放入姜末、蒜末炒香，倒入豆瓣酱，炒出红油后，倒入少许高汤，倒入豆腐块，炒匀。

④ 再倒入事先调好的鱼香汁，大火煮至收汁捞出豆腐装盘，撒上葱花即可。

·营养贴士· 此菜具有补益脾胃、清热润燥、利小便、解热毒的作用。

卤虎皮豆腐

主料 豆腐1000克

配料 豆油500克（实耗100克），酱油15克，白糖2克，甘草、姜片各5克，葱段10克，食盐15克，花椒2克，八角、桂皮各3克，鲜汤1500克

·操作步骤·

① 将豆腐切成5厘米长、3厘米宽、1厘米厚的片。

② 锅内放入豆油烧至六成热，将豆腐片放入，炸成金黄色，捞出沥油。

③ 锅内放入鲜汤，加入剩余调料，烧开后撇净浮沫，离火，放入豆腐片卤5个小时即可。

·营养贴士· 此菜具有益气和中、生津润燥、清热解毒、止咳清痰、宽肠降浊之功效。

爽胃嫩豆腐

主 料 嫩豆腐 200 克，圆白菜 100 克

配 料 植物油 40 克，食盐、鸡精各适量，胡萝卜、木耳、香芹、白萝卜、姜片、葱花、香油各少许

·操作步骤·

① 圆白菜洗净，切片；嫩豆腐切小块；胡萝卜、白萝卜洗净切片；木耳泡发洗净，撕成小块；香芹洗净切段。

② 锅中放入植物油，待油热放入姜片、葱花翻炒爆香，倒入适量开水，放入嫩豆腐，加适量食盐。

③ 用大火烧沸汤后，再倒入圆白菜、胡萝卜、木耳、香芹、白萝卜，继续烧开 5 分钟，加入鸡精，淋上香油，装碗即可。

·营养贴士· 豆腐营养丰富，含有铁、钙、磷、镁等人体必需的多种微量元素，还含有糖类、植物油和丰富的优质蛋白，素有“植物肉”之美称。

·操作要领· 嫩豆腐质嫩，在煮的过程中要尽量减少翻动，但是要晃动锅子。

豆腐蒸蛋

主 料 鸡蛋3个，豆腐150克

配 料 火腿50克，食盐、鸡精各适量

·操作步骤·

①将豆腐洗净后压成蓉，放入碗中，磕入鸡蛋搅散，再加入凉开水、食盐、鸡精搅匀。

②火腿剁成碎末，撒在豆腐鸡蛋液上。

③将豆腐鸡蛋液上蒸笼蒸，用中火蒸10分钟取出即成。

·营养贴士· 此菜具有补益脾胃、清热润燥、利小便、解热毒的作用。

豉椒炒豆腐

主 料 豆腐350克

配 料 干红辣椒20克，豆豉1小碟，蒜、葱花、植物油、酱油、白糖、食盐、鸡精、水淀粉各适量

·操作步骤·

①将干红辣椒切成小段；豆腐切成方形小块。

②将植物油倒入锅内，待油热后将豆腐放入锅内炸制。

③放入干红辣椒段、蒜、豆豉、酱油、食盐、白糖和适量的水，翻炒片刻，再放入鸡精调味，最后用水淀粉勾芡，撒上葱花即可。

·营养贴士· 此菜具有补益脾胃、清热润燥、利小便、解热毒的作用。

蔬菜烩豆腐

主料 北豆腐300克，胡萝卜、白萝卜、藕、小油菜、香菇各100克

配料 植物油50克，食盐3克，鸡精5克，葱末、姜末各5克，高汤400克

·操作步骤·

① 豆腐切成薄片；胡萝卜、白萝卜去皮，切丁；香菇洗净，切片；藕去皮，切丁；小油菜洗净，切段。

② 锅置于旺火上，放入适量植物油烧热，加入豆腐片，煎至两面金黄，盛出。

③ 另起锅放油烧热，将葱末、姜末煸出香味，加入高汤、食盐、香菇、胡萝卜、白萝卜、藕、小油菜和油炸豆腐片，炖至小油菜和油炸豆腐片充分入味时，撒入鸡精即可。

·营养贴士· 此菜低油、高纤维、高蛋白，是减肥美容佳品。

·操作要领· 煎豆腐要想不破，关键是动锅不动铲，火候最好用中火，这样能迅速封住豆腐表层的水分，保持内部的嫩滑。

莲白豆腐卷

主料 豆腐300克，莲白整叶3张

配料 干芡粉75克，豆粉20克，鸡精1克，食盐2克，胡椒粉0.5克，鸡蛋清适量

·操作步骤·

① 莲白叶去老梗洗净，放进蒸笼微蒸，待蒸蔫时取出放凉，控干水分；豆腐倒入大碗中，加入适量干芡粉、鸡精、食盐、胡椒粉搅成豆腐糁；另取碗，倒入蛋清，加入豆粉拌匀。

② 莲白平铺在墩子上，上面撒上豆腐糁，卷成圆条，切段，最后用蛋清豆粉封口。

③ 将卷好的豆腐卷放入蒸笼蒸约5分钟，取出晾干收汁，再裹上一层干芡粉，放入八成热的油锅中煎炸，炸至金黄色后捞起即成。

·营养贴士· 此菜具有补益脾胃、清热润燥、利小便、解热毒的作用。

清蒸镶豆腐

主料 豆腐400克，猪肥瘦肉200克

配料 胡萝卜、马蹄、香菇、小白菜各50克，葱花、食盐、鸡精、胡椒粉、鲍鱼汁、生抽、香油各适量

·操作步骤·

① 猪肉剁成泥；胡萝卜、香菇、马蹄、小白菜均切成碎丁。

② 取一容器，将肉泥与所有碎丁放在一起，加入食盐、鸡精、胡椒粉，搅拌均匀成馅。

③ 将豆腐切成小方块，中间用小勺挖一个洞，把调好的馅放进洞内，上蒸锅蒸10分钟。

④ 出锅后，撒上葱花，浇上适量鲍鱼汁、生抽、香油即可。

·营养贴士· 此菜具有补益脾胃、清热润燥、利小便、解热毒的作用。

罗汉焖豆腐

主 料 豆腐150克，双孢菇、鲜香菇各80克，西蓝花50克

配 料 鸡汤200克，花椒水15克，酱油10克，葱花、姜末各8克，植物油适量，食盐、鸡精、淀粉各少许

·操作步骤·

① 豆腐切成块，放入不粘锅中煎至表面微黄，盛出。

② 双孢菇、鲜香菇去根，洗净切段；西蓝花洗净，掰成小朵。

③ 锅内放植物油，油热后下入葱花、姜末爆香，添入鸡汤，加入花椒水、双孢菇、香菇，烧开后将豆腐、西蓝花入锅，焖约5分钟后放鸡精、食盐、酱油调味，大火收汁，用淀粉勾芡即成。

·营养贴士· 西蓝花含有丰富的维生素A、维生素C和胡萝卜素，具有丰胸美容的作用。

·操作要领· 此菜用鸡汤来调味，所以素而不斋，如果想要纯斋菜，可用清水或清汤代替鸡汤，味道更加鲜香清淡。

麻婆豆腐鱼

主 料 鲫鱼 400 克，豆腐 500 克

配 料 肉末 100 克，蒜苗 60 克，红杭椒 40 克，香葱 30 克，姜 8 克，鸡精 2 克，酱油 10 克，水淀粉 12 克，食盐 3 克，植物油 70 克，豆瓣酱 25 克，花椒面 20 克

·操作步骤·

① 将鱿鱼洗净；豆腐洗净切块；蒜苗洗净切粒；红杭椒、香葱、姜均洗净切末备用。

② 锅内放植物油烧热，放入香葱末、姜末、豆瓣酱炒香，加入清水，烧开后加食盐、鸡精、酱油调味，将鲫鱼、肉末、红杭椒末和豆腐块放入，用小火烧入味。

③ 汤汁较浓时，将鱼用筷子拖入盘中，锅内放入蒜苗粒翻炒，用水淀粉勾芡，使豆腐完全附味，然后装盘，撒上花椒面即可。

·营养贴士· 此菜具有补益脾胃、清热润燥、利小便、解热毒的作用。

湘辣豆腐

主 料 豆腐 300 克

配 料 红辣椒、干红辣椒各 2 个，香葱 1 棵，蒜末 15 克，植物油 40 克，酱油 10 克，豆豉 20 克，精盐、白糖各 5 克，味精 3 克

·操作步骤·

① 豆腐切成四方小块；红辣椒去籽、切段；香葱切花；干红辣椒切段。

② 炒锅烧热放植物油，放入豆腐块，炸黄捞出备用。

③ 炒锅留植物油，下入蒜末、红辣椒段、干红辣椒段和豆豉后，倒入炸过的豆腐，加入酱油、白糖、精盐、味精炒匀，出锅撒上葱花即可。

·营养贴士· 此菜具有补益脾胃、清热润燥、利小便、解热毒的作用。

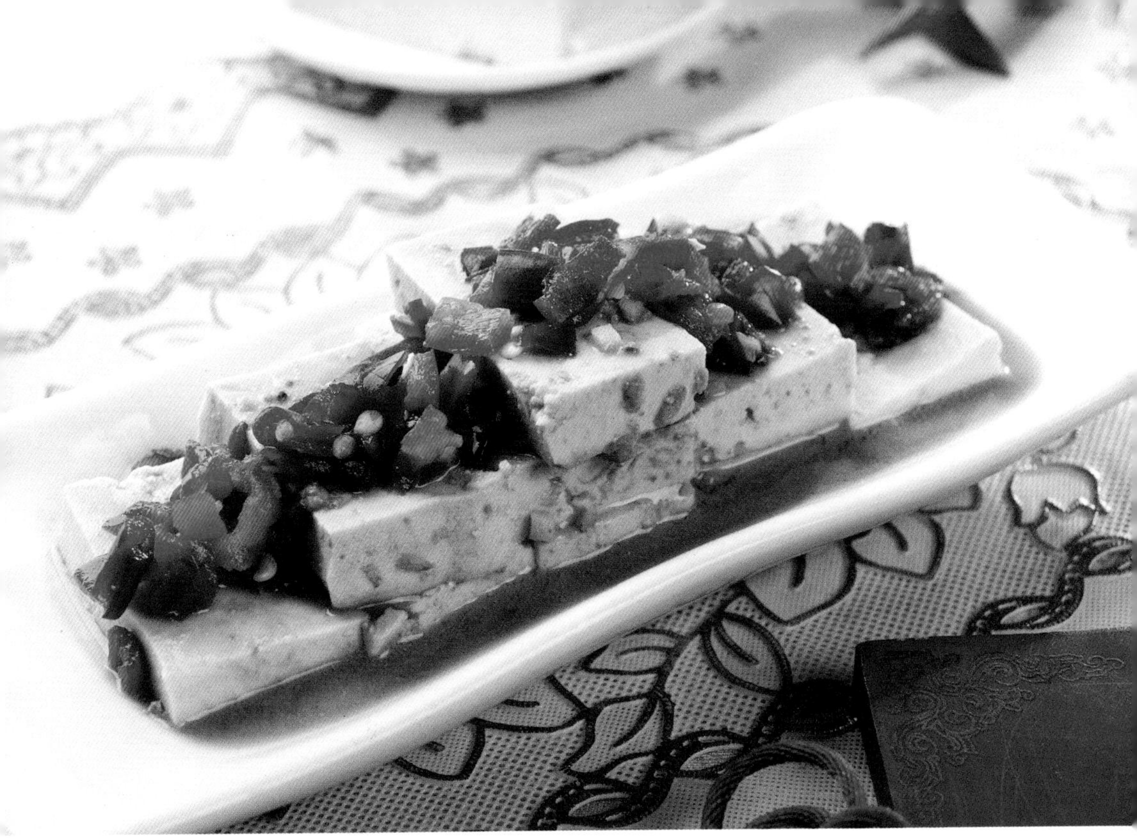

剁椒臭豆腐

主料 白豆腐、臭豆腐各 1 块

配料 剁椒 1 小碟，姜末、鸡精、花椒各适量

准备所需主材料。

把臭豆腐放入小碗中，加水搅拌成汁备用；将豆腐切成大片放入碗中，倒入臭豆腐汁，撒上姜末、花椒。

将豆腐码入盘中，撒上剁椒。

上锅蒸 10 分钟即可食用。

营养贴士：臭豆腐配以剁椒，可以增加人体内肠胃蠕动，使人排便通畅。

操作要领：做臭豆腐汁时，要用温水调制。

臭豆腐乳蒸蛋白

主 料 鸡蛋清、臭豆腐乳各适量

配 料 青豌豆少许，太白粉适量

·操作步骤·

① 臭豆腐乳磨成泥；鸡蛋清打发；太白粉加水勾成芡汁；青豌豆入滚水氽烫至熟后备用。

② 碗中淋入打发的鸡蛋清，与臭豆腐泥拌匀，放入锅中以大火蒸 5~6 分钟至熟，淋上欠汁，放上熟青豌豆即可。

·营养贴士· 臭豆腐富含植物性乳酸菌，具有很好的调节肠道及健胃功效。

香炸豆腐丸子

主 料 豆腐 400 克，瘦肉 200 克

配 料 胡萝卜、鸡蛋清、盐、葱、姜、嫩肉豆粉、蚝油、料酒、胡椒粉、植物油各适量

·操作步骤·

① 瘦肉、胡萝卜洗净剁碎；葱、姜切末；豆腐放清水内浸泡一会儿再用汤勺压成泥，挤干水分备用。

② 将所有材料（植物油除外）加入碗中，用筷子朝一个方向搅拌上劲儿静置一会儿。

③ 锅内加植物油烧至五成热，用手挤出丸子，下入油锅小火炸至金黄，捞出沥油摆盘即可。

·营养贴士· 本菜中含有大量的雌激素——类黄酮，可以很好地补充雌性激素。

辣子霉豆腐

主料 豆腐1块

配料 花椒粉20克，胡椒粉、辣椒粉、食盐各10克，高度白酒50克，麻油100克

·操作步骤·

① 把豆腐切成均3厘米见方的块，一块块摆放在洗净沥干水的菜篓子里，块和块之间隔些空隙；找个比菜篓子大一点的托盘，上面竖两根筷子架高菜篓子，便于盛豆腐霉制过程中出的水。

② 用棉毛巾盖住菜篓子，给篓中的豆腐保温；放置在屋中的某个角落静等其长霉。

③ 把辣椒粉、胡椒粉、花椒粉、食盐混和好，把霉好的豆腐在混合好的调料中滚滚；然后准备一个可密封的瓦罐，将豆腐整齐地摆进瓦罐里。

④ 在摆放好的豆腐上撒些食盐，倒入麻油，淋入白酒，盖上密封盖，在常温下放置3~5天，使其发酵入味，最后放进冰箱冷藏即可。

·营养贴士· 此菜含有多种人体所需要的氨基酸、矿物质和B族维生素，营养价值很高，具有开胃、去火、调味的功效。

·操作要领· 在制作本菜时，周围温度最好保持在12~18℃，否则会影响制作时间。

素炒酱丁

主料 豆腐干150克，香菇120克，酱黄瓜100克，胡萝卜50克

配料 食盐、鸡精、蚝油、老干妈辣酱、姜末、植物油各适量

·操作步骤·

① 豆腐干、香菇、黄瓜、胡萝卜均处理好，切成丁，除酱黄瓜外的食材全部焯水，控水待用。

② 锅中放植物油烧热，下姜末、老干妈辣酱、蚝油炒香，倒入四丁，加食盐、鸡精调味，炒匀即可。

·营养贴士· 豆腐干营养丰富，含有大量蛋白质、脂肪、糖类，还含有钙、磷、铁等多种人体所需的矿物质。

酸菜煮豆泡

主料 豆泡180克，酸菜150克

配料 红辣椒2个，白泡椒4个，食盐、鸡精、姜末、蚝油、植物油、清汤各适量

·操作步骤·

① 豆泡用温水泡涨；酸菜切小段；红辣椒切段。

② 锅中放植物油烧热，下姜末、红辣椒段炒香，然后加清汤，用食盐、鸡精、蚝油调味，再下酸菜、白泡椒、豆泡煮约5分钟即成。

·营养贴士· 豆泡相对于其他豆制品不易消化，经常消化不良、肠胃功能较弱的人慎食。

八宝酱肉丁

主料 白豆干丁150克，猪肉丁100克，土豆丁、西芹丁各50克，香菇丁、去皮蚕豆、花生仁各适量

配料 植物油30克，剁椒酱25克，白糖10克，葱花、姜末各10克，干红辣椒1个，香叶1片，生抽适量

·操作步骤·

① 干红辣椒切成细丝；香叶切碎。

② 锅中加香叶碎、水，烧开后放入猪肉丁，用筷子搅动，待肉丁变色后快速盛出。

③ 平底锅稍热后倒入植物油，放入葱花、姜末和干红辣椒丝，翻炒出香味，倒入肉丁，稍稍翻炒后倒入白糖，继续翻炒直至肉丁基本炒熟，盛出。

④ 锅中留底油，油热后炒香剁椒酱，倒入土豆丁和豆干丁，翻炒2分钟，加少量清水，盖上锅盖，直至土豆丁软化，打开锅盖，收干残留的水分，倒入香菇丁、西芹丁、去皮蚕豆和花生仁翻炒，直至所有的食材烹调到位，倒入炒好的肉丁翻炒均匀，加生抽调味即可。

·营养贴士· 此菜具有开胃、消油腻的功效。

·操作要领· 猪肉丁焯水，可以让肉丁的烹调更容易，还有一定的去腥效果。

肚条烩腐竹

主料 猪肚300克，腐竹150克

配料 高汤200克，植物油50克，料酒25克，蒜末10克，水淀粉10克，食盐4克，胡椒粉、鸡精各3克，青椒、红椒各适量

·操作步骤·

① 将猪肚处理干净，倒入锅中加清水煮1个小时，捞出晾凉，切成长条。

② 腐竹泡发切段；青椒、红椒去籽，洗净切片。

③ 锅内倒植物油烧热，加入蒜末爆香后，倒入高汤，再下入猪肚条、腐竹段、青椒片、红椒片，用食盐、料酒、胡椒粉调味，开锅后转小火烧20分钟，放入鸡精，用水淀粉勾芡即成。

·营养贴士· 腐竹含蛋白质丰富而含水量少，而且谷氨酸的含量很高，具有良好的健脑作用。

豆花泡菜锅

主料 川式泡菜200克，豆花400克

配料 泡菜汁100克，牛骨高汤适量，南瓜、酱油、姜泥、麻油、精盐、细砂糖各适量

·操作步骤·

① 南瓜去皮去瓤，切块；川式泡菜切段备用。

② 取一锅，放入南瓜块、泡菜段，再加入牛骨高汤，以中大火煮至滚沸。

③ 豆花以汤勺挖大片状，加入锅内，最后将泡菜汁、酱油、姜泥、麻油、精盐、细砂糖调匀，一起加入锅中调味即可。

·营养贴士· 豆花除含蛋白质外，还可为人体生理活动提供多种维生素和矿物质，尤其是钙、磷等。

腊八豆蒸腊肉

主 料 腊八豆 200 克，腊肉 150 克

配 料 干辣椒碎、姜末、蒜末、食盐、老抽、红油各适量

·操作步骤·

① 腊肉放入锅中，加水煮 15 分钟，捞出控水，切成大片；腊八豆洗净沥干水分，下油锅炸香待用。

② 起锅下红油烧热，下入姜末、蒜末炒香，下干辣椒碎、腊八豆炒香，下食盐、老抽调味后出锅冷却。

③ 腊肉片整齐地摆在盘中，放上炒好的腊八豆，上笼蒸 30 分钟即可。

·营养贴士· 腊八豆具有开胃消食的功效，对营养不良也有一定疗效。

鲜花椒蚕豆

主 料 鲜蚕豆 300 克

配 料 猪瘦肉 80 克，鲜花椒 25 克，葱花、食盐各适量

·操作步骤·

① 将猪瘦肉洗净，切片，在热水中煮熟，捞出备用；蚕豆剥皮，洗净备用。

② 将蚕豆放入锅内，加两碗水没过蚕豆，加入鲜花椒、瘦肉片，放入食盐调味，以中火烧煮。

③ 等锅内水分不多后，即可关火，食用时撒上葱花即成。

·营养贴士· 蚕豆含多种矿物质，尤其是磷和钾含量较高。

鱼香青豆

主 料 青豆500克

配 料 辣椒酱、蒜、葱、白糖、醋、酱油、姜、精盐、植物油、高汤各适量

·操作步骤·

① 青豆淘洗干净；蒜、姜分别切末；葱切花。

② 用酱油、醋、白糖调成鱼香汁。

③ 锅烧热后倒入植物油，放入青豆炸熟，捞出控油；锅中留底油，放入蒜末、姜末、葱花炒香。

④ 倒入辣椒酱，炒出香味后，倒入2勺高汤，倒入炸好的青豆炒匀，加精盐调味。

⑤ 再倒入事先调好的鱼香汁，大火煮至收汁即可。

·营养贴士· 青豆富含不饱和脂肪酸和大豆磷脂，有保持血管弹性、健脑和防止脂肪肝形成的作用。

·操作要领· 炸青豆时要注意控制好火候，火不可太大，否则容易炸焦，影响口感。

芥菜炒蚕豆

主 料 蚕豆200克，芥菜100克

配 料 红辣椒1个，大蒜3瓣，精盐5克，鸡精3克，肉末少许，食用油适量

·操作步骤·

① 蚕豆倒入开水加精盐焯3分钟，捞出沥水；芥菜、大蒜切末，红辣椒切小段。

② 锅倒油烧热，下蒜末和辣椒段爆香，先倒入芥菜和肉末翻炒，再倒入蚕豆翻炒2分钟，出锅前用鸡精调味即可。

·营养贴士· 此菜具有健脾开胃、预防动脉硬化、防治便秘的功效。

蒸拌扁豆

主 料 扁豆200克

配 料 醋、生抽各5克，糖3克，精盐、香油、辣椒油各适量

·操作步骤·

① 将扁豆洗净去筋；锅中加适量水，水开后将扁豆放入笼屉蒸2分钟后，捞出过凉。

② 扁豆控干水分，放入碗中，加入辣椒油、生抽、香油、醋、糖、精盐拌匀即可食用。

·营养贴士· 扁豆营养成分相当丰富，包括蛋白质、脂肪、糖类、钙、磷、铁及食物纤维、维生素A原、维生素B_1、维生素B_2、维生素C和泛酸、酪氨酸酶等，对于肿瘤治疗也有一定的食疗功效。

炸蔬菜球

主 料 豆腐150克，荸荠200克，香菇80克，紫菜30克

配 料 小菠菜50克，圣女果1个，植物油、食盐、面粉、胡椒粉、生粉各适量

·操作步骤·

① 豆腐用盐水煮10分钟，捞出控干水，捣碎，用纱布挤干水；紫菜切碎；荸荠去皮，香菇洗净，均切碎粒，一起入油锅炒香备用。

② 将上述四种材料与少量面粉混合搅拌均匀，并用食盐、胡椒粉调味，用手捏成一个个的圆球，外面均匀裹上生粉，放置10分钟。

③ 锅中放入足量植物油，烧至五成热时，放入蔬菜球，用中火炸至金黄色，捞出控油；小菠菜洗净后裹上生粉放入油锅中略炸，即刻捞出控油，然后铺在碟子上，将炸好的蔬菜球放在菠菜旁边，点缀圣女果即可。

·营养贴士· 此菜原料丰富、营养全面，具有开胃助食的作用。

·操作要领· 荸荠去皮后易氧化，可置于冷水之中。